编 委 会

荣格精选集
C. G. JUNG

炼金术之梦

[瑞士] C. G. 荣格 著 杨韶刚 译

译林出版社

图书在版编目（CIP）数据

炼金术之梦 /（瑞士）C.G.荣格（C. G. Jung）著 ; 杨韶刚译. -- 南京 : 译林出版社, 2025. 1. --（荣格精选集 / 申荷永主编）. -- ISBN 978-7-5753-0369-9

Ⅰ. B845.1

中国国家版本馆CIP数据核字第2024B6W353号

著作权合同登记号　图字：10-2012-30号

炼金术之梦　［瑞士］C.G.荣格／著　杨韶刚／译

责任编辑　张海波
装帧设计　胡　苨
校　　对　王　敏
责任印制　董　虎

出版发行　译林出版社
地　　址　南京市湖南路1号A楼
邮　　箱　yilin@yilin.com
网　　址　www.yilin.com
市场热线　025-86633278
排　　版　南京展望文化发展有限公司
印　　刷　江苏凤凰通达印刷有限公司
开　　本　890毫米 ×1240毫米　1/32
印　　张　8.75
插　　页　2
版　　次　2025年1月第1版
印　　次　2025年1月第1次印刷
书　　号　ISBN 978-7-5753-0369-9
定　　价　59.00元

出版说明

“荣格精选集”简体中文版由瑞士苏黎世荣格作品基金会授权译林出版社出版。译本以20卷的瓦尔特出版社德文版和普林斯顿大学出版社英文版为底本，由申荷永教授精选其中关键篇目，并组织专业译者进行译介，意在向广大读者介绍荣格分析心理学的要旨。书中边码为原书段落码，方便读者检索。书中保留荣格原注、英译注、英编注，并增补了部分中译注，详细的参考文献可见http://www.yilin.com/Book/BookView?BookID=9287，希望有助于读者研读查考。《炼金术之梦》节选自荣格全集第12卷第2部分（*Individual Dream Symbolism in Relation to Alchemy*, Princeton University Press, 1967）。

译林出版社

导 读

炼金术之梦，美丽的心灵

“炼金术”本具梦幻，其与“梦”之结合，如荣格之《炼金术之梦》，则包含传奇，孕育心灵的美丽。因为，这《炼金术之梦》的梦者，正是被誉为“科学家良知”的沃尔夫冈·欧内斯特·泡利（Wolfgang Ernst Pauli），他是1945年诺贝尔物理学奖获得者，但其另一个鲜为人知的身份，乃曾是荣格的“病人”；如《美丽心灵》中的约翰·纳什（John Nash），科学中也包含心灵的传奇。

《炼金术之梦》的内容摘取自《荣格全集》第12卷的第二部分，原来的标题是：《与炼金术有关的个体梦象征》（*Individual Dream Symbolism in Relation to Alchemy*）。荣格在介绍梦的工作理论与方法之后，便从泡利的“初始梦”开始，逐渐深入于其梦中的意象，采用扩充技术和积极想象，提炼与阐释其中点石成金般的意义。接着，荣格用专章探讨“曼荼罗的象征作用”，尤其是其中所包含的自性意象及其意义。

荣格也曾用《梦的象征及自性化过程》来使用他与泡利的梦和心理分析。1935年，在英国伦敦塔维斯托克的演讲中，荣格匿名介绍泡利:“我有这样一位病人。他在大学工作，异常偏重智力。于是他的无意识成了问题，这些问题不断被激活。他把自己的阴影投射到了他人身上，把许多人都看成自己的敌人，而他自己也变得异常孤独，因为在他看来，几乎所有的人都在与他作对。于是，他开始酗酒，想着能借酒消愁。但实际上是使问题更糟，他开始到处与人争吵……有一次，他在争吵中被人从餐馆扔了出来，遭受了毒打。”[1] 荣格介绍说，这种事情随后不断发生，最后泡利来寻求心理帮助，做心理分析，带来其一千三百多个梦。

在《心理学与炼金术》中，荣格说，他用了差不多一年的时间，仔细研究了泡利一千三百个梦中的前四百个，以及附带的一些原型意象。泡利使用分析心理学的积极想象，常把自己的意象用绘画呈现出来。泡利是具有天才人格的学者，他也把自己的才华用到了其心理分析的过程中，包括他对心理分析的独到见解。进行心理分析数月后，荣格说，(泡利)不仅记录与自

1 荣格:《分析心理学的理论与实践》，成穷等译，北京：三联书店，1991，第188—191页。

发地表达了数百个梦，“而且甚至是自发地把积极想象应用于自己的分析……他具有哲学家的自然素养，以象征性的方式解决了自己所面临的许多问题”。[1]在荣格及其学生的帮助下，泡利逐渐恢复，同时对心理分析也产生了兴趣，变得热情和主动。数月之后，荣格认为泡利已经获得基本的疗愈，荣格描述说："他已经成为完美的正常与理性的人。他不再酗酒，完全能适应他的环境与工作，完全恢复了正常……他也有了新的兴趣与热情。"[2]

而泡利则发现自己的梦都指向某种意味深长的意象和事物，这甚至进一步激发了他的直觉和研究兴趣。泡利说："傍晚，我把这些分析工作做完后，就去书房，我就能明白发生了些什么。我要研究我的梦，还会发现奇特的东西。"[3]事实上，泡利是一位不同凡响的病人，通过心理分析，他不仅解决了自己的问题，还把自己的科学天赋也用于心理分析，从而获得对心理分析的独到见解。泡利与荣格的通信与交往显示，泡利被梦中神圣和丰富的意义所感动，与荣格一起致力于对梦与灵魂的探索。

在本书中，荣格记录与分析了泡利一系列的梦，其中展现了无意识根据自己的秩序逐步自发展开的过程，在这一过程

---

1 Cf. Andrew Samuels, *A Critical Dictionary of Jungian Analysis*. London and New York: Routledge, 1997, pp.76—79.

2 Ibid.

3 Ibid.

中，自性逐渐显现，围绕着曼荼罗的象征，以及与道有关的概念，如同道家内丹与炼金术所象征的自性化过程。

比如，荣格对泡利初始梦的分析：泡利梦到自己“身处一个社交场合，当要离开时，他戴上了一个陌生人的帽子，而没戴他自己的帽子”。荣格认为，戴在头上的帽子具有十分重要的象征意义。帽子所盖住的，不仅仅是头，也是“首脑”，是人格的顶端。梦者拿错了别人的帽子戴在自己头上，或许意味着梦者将要进行一种“陌生”的人格体验，体验自己的另外一种存在。同时，由于帽子是圆形的，荣格认为这是曼荼罗的最初暗示。

第二个梦：泡利梦到自己乘火车旅行，“……由于他站在窗户前挡住了其他通行旅客的视线，他必须走开以免妨碍到别人”。荣格曾这样分析：梦者梦到旅行，意味着某种行程的开始，或“启动”了某个过程。在梦中，梦者挡住了他后面乘客的视线，而“后面”是我们所看不到的，可称之为“无意识”的方向。梦者躲开了挡住的“窗口”，也就意味着为无意识的呈现让开了道路。

第三次分析，一个意象：这是泡利临睡前的意象，“在海边。海水淹没了土地，洪水把一切都淹没了……坐在一个孤岛上”。荣格的分析：海是集体无意识的象征……海水的蔓延，意味着来自无意识的人格阴影部分开始侵入。而面对阴影，也是治愈与转化的必然路径。

随着心理分析过程的进展，泡利也曾梦到“一个演员把帽子扔到墙上”，并试着将其画出来，如荣格在其《红书》中呈现的梦境那样，这也是泡利在运用积极想象来展示自己的梦。荣格分析说：“……他必须放弃这位演员，因为这是在他心中那个拒绝了自性的演员。帽子指的是所有的梦中的第一个梦，在这个梦中他戴上了一个陌生人的帽子。这位演员把帽子扔到墙上，这顶帽子就是一个曼荼罗意象。”

随着分析的深入，泡利曾描绘自己所遇到的一个意象，“一个不认识的女人站在羊之国土上，指引着道路”。荣格认为，出现在泡利意象中的这个陌生女人，正是其内在女性，也即阿尼玛的象征。而事实证明，在随后几年，这位陌生女性的意象一直引领泡利走向其自性化目标。同时，阿尼玛意象也为其物理学和心理学探索引发智慧和灵感。泡利的梦与意象呈现了无意识自然发展的过程，犹如道家内丹和炼金术，其中指向人格的核心，趋中，中道，也即自性的象征，生动的曼荼罗意象逐步形成，并指引泡利走出迷宫，伴随深邃的自性体验，彻底转变了他对生活的态度。

在泡利与荣格的个人心理分析结束后，两人仍然保持着这种心理学与物理学的对话，继续在心理分析、《易经》、道家哲学、炼金术与原子物理学等领域交换观点，彼此启发。通过泡利，炼金术和原型思想被引入物理学的讨论中；通过荣格，微观物理学和量子理论融入心理学的语言和范畴。他们相互比较各自的专业见解，共同探讨人类心灵深处与自然现象的奥秘。泡利深受荣格提出的“共时性”理论的吸引，而荣格则十分赞赏泡利对于原型与集体无意识理论的独到见解。两人曾于1952年合作出版了《自然与心灵的阐释》(*The Interpretation of Nature and the Psyche*)一书，对于心理学和物理学都富有启迪。2001年，普林斯顿大学出版社出版《原子与原型》，作者署名为泡利和荣格。该书收集了泡利与荣格在二十六年(1932—1958)中的八十封往来信件，其中详细记述了泡利与荣格的心理分析特殊经历，以及两人对共同感兴趣的自然、心理和哲学等领域的探索与交流。

泡利曾被玻尔称作“上帝之鞭”和“科学家的良知”。2013年在哥本哈根第19届国际分析心理学大会上，有关于“玻尔、泡利与荣格”的主题报告。报告者引用他们之间的书信，给人们留下深刻印象，这些书信中常常涉及《易经》、阴阳观念和道家哲学。如同玻尔，泡利也认为自己是东方智慧的受益者，老子道家的继承人。玻尔认为泡利具有杰出的敏锐和审慎，所谓的“泡利效应”，也表现了他对于真理与实验的执着与追求。若是能够听到泡利说“哦，这竟然没什么错”，那就是极高的赞许了。有一则笑话说，泡利死后去见上帝，上帝把自己对世界的设计方案给他看，泡利看完后耸耸肩，说道：“你本来可以做得更好些……”对于心理分析师来说，上帝在人们的心中，我们本来都可以把生活安排得更好一些，本来都可以做更好的心理分析，完成我们治愈与发展的实践。

我们每个人都会做梦，梦以自觉，如庄周梦蝶，感悟自性与物化的道理；梦如炼金术，如荣格与泡利，其中孕育心灵的美丽和美丽的心灵。

申荷永

2018年7月于洗心岛

目　录

……为恶如山崩那样容易；黑漆漆的大门日夜开启着；但是要回想汝之脚步并且穿行到高空；这就是我们的任务，这就是付出的辛苦！

——维吉尔，《埃涅阿斯纪》，VI，126—129

图5　转换中的七位处女。引自*Songe de Poliphile*，117，p.61。[1]

1 《炼金术之梦》与《心理学与炼金术》的插图均取自荣格全集的第十二卷，且两本书存在大量交叉引用，因此在中译本中保留了原书的编码以方便读者查找。其中图5—112为《炼金术之梦》的插图，图1—4和图113—270为《心理学与炼金术》的插图。——编注

第一章

导 言

一、材 料

44 在梦中出现的自性化过程的象征是一些具有原型性质的意象，它们描述的是这个核心化的过程或一个新人格核心的产生过程。关于这个过程的概括性观点或许可以从我的论文“自我与无意识之间的关系”[1]中找到。由于那篇文章中提到的某些理由，我把这个核心称为“自性”(self)，可以把它称为精神或心理的整体。这个自性不仅是中心，而且是包含意识和无意识在内的全部内容；就像自我是意识心灵的核心一样，自性是这种整体性的核心。

1 Cf. Jung，427.

45 我们现在考虑的这些象征与自性化过程的各个阶段和转换无关，而是与它在进入意识时直接和唯一提到的这个新核心的意象有关。这些意象属于一个确定的范畴，我称之为曼荼罗象征作用。在与卫礼贤（原名：Richard Wilhelm）合作出版的《太乙金华宗旨》（530a）中，我比较详细地描述了这种象征作用。在本研究中，我想在你们面前按年代顺序把一系列诸如此类的个体象征呈现出来。这份材料由一个受过良好科学教育[1]的年轻人提供的一千多个梦和幻象组成。出于本研究之目的，我对前四百个左右的梦和幻象进行了研究，时间跨度长达近十个月。为了避免任何个人的影响，我让我的一位学生，一个女博士，当时她还是一个初学者，来负责观察这个过程。她的观察持续了五个月。然后梦者又独自观察了三个月。除了在观察开始之前，我曾和他进行了一次简短的面谈之外，在前八个月的时间里我一次也没有再见过这位梦者。所以，那三百五十五个梦（或幻象）都是在和我没有任何个人联系的情况下体验到的。只有最后的四十五个梦是在我的观察下产生的。当时也没有做出任何值得一提的解释，这是因为梦者受过卓越的科学训练且具备良好的能力，他不需要任何帮助。因此，这些条件对于我们进行毫无偏见的观察和记录是很理

1 我必须强调，这种教育不是历史学的、哲学的、考古学的教育，也不是人种学的教育。凡是提到源自这些领域之材料的任何东西，都是在梦者身上无意识地产生的。

想的。

46 因此，为了说明曼荼罗象征作用最初是怎样出现的，以及其后又是怎样深深地保留在其余梦材料之中的，我首先将呈现前二十二个梦的一些节选。然后我将按时间顺序挑选出一些专门涉及曼荼罗[1]的梦。

47 除了有少数例外，所有的梦都被缩短了，要么把包含主要思想的那一部分抽取出来，要么把全部文本凝缩成基本成分。这种简化运作不仅缩短了其长度，而且排除了个人的暗示和复杂化，这些暗示和复杂化对审慎的理想判断是很有必要的。尽管有这种多少令人怀疑的干扰，根据我的知识和顾虑，我已经避免了对意义的任何人为的歪曲。同样的考虑也必须应用于我自己的解释，以便使梦中的某些片段看上去像是被忽略了。如果我没有做出这种牺牲，如果我把材料绝对完整地保留下来，我就不会发表这一系列材料了，在我看来，这一系列材料在理智上、清晰度上和持续性上是很难被超越的。因此，这使我很高兴在此时此地，向那位为科学提供了服务的“作者”表达我真诚的感激之情。

1 “曼荼罗”(mandala，梵文)的意思是“圆圈”，也有“魔圈”的意思。其象征作用包括(只提一些最重要的形式)所有围绕同心圆排列的图形，有一个核心的圆形或方形的模式，以及放射状的或球形的排列。

二、方　法

48 在我的作品和演讲中，我始终坚持认为，当我们开始分析和解释客观的精神[1]时，或者换句话说，当我们开始分析和解释“无意识”时，我们必须放弃所有的先入之见。我们还没有一种普遍的梦理论，使我们能够泰然自若地使用演绎的方法，我们更没有一种使我们能够从中做出推理的普遍的意识理论。对于主观精神或意识心灵的外部表现，只能进行最低限度的推测，没有任何理论证据能够毫无疑问地证明，它们之间必然存在着因果联系。相反，我们不得不在意识心灵的复杂行为和反应中凭借高度的武断和“机遇”来进行推测。同样，既没有任何实证的理由，也没有理论的理由来假定，同样的情况不适用于无意识的外部表现。后者就像前者一样具有多样性、不可预测性和任意性，因此，也必然可以使用同样多种不同的研究方法。在进行意识表述的情况下，我们所处的地位很幸运，人们会把内容直接讲给我们听或呈现给我们看，其目的我们能够识别出来；但是，在“无意识的”外部表现中，在我们所使用的这个词的意义上说，并没有直接而又适当的语言可用——只有一种心理现象，它和意识内容只存在着最松散的联系。如果意识心灵的表达是不可理解的，

1　关于这个术语，请参见Jung，422以及Wolff，534，pp.34ff。

我们必然会询问这是什么意思。但是，客观的精神是与意识心灵不相容的东西，它通过意识心灵来表现自己。因此，我们被迫采用我们在解释一个片段的文本或包含着不认识的单词的文本时所用的方法：我们考察一下上下文。当我们把有这个单词出现的那一段话进行前后比对时，就能明白那个不认识的单词的意思。包含着梦内容的心理脉络就存在于梦自然而然地植根于其中的联想网络之中。从理论上讲，我们绝不可能事先就对这个网络有任何了解，但在实践中，如果有足够丰富的经验，有时是可以做到的。即便如此，进行仔细的分析也不要过多地依赖技术规则；欺骗和暗示的危险简直太大了。在最初对孤立的梦进行的分析中，这种事先的认识和以实际期待或普遍概率为基础而做出的假设，可能确实是错误的。因此，一条绝对的规则应该这样假设：每一个梦和梦的每一部分从一开始是未知的，只有在仔细考虑了各种脉络关系之后才能尝试进行解释。然后，我们才能把由此而发现的意义应用到梦的文本本身，看一看这样是否会得出一个解答，或者是否会有令人满意的意义出现。但是，在任何情况下我们都不可能预期，这种意义将和我们的任何主观期待相一致；因为梦所讲述的事情和我们期待的东西之间很可能存在令人吃惊的差别，而且这种差别确实经常出现。实际上，如果我们在梦中发现的意思恰好和我们的期待相一致，这是很令人怀疑的；因为一般地说，无意识的立场是和意识互补的，或者是对意识的补偿[1]，因此与意识有着不可预期的“差异”。我并不否认存在平行的（parallel）梦，意即，其意义与意识态度相一致或者支持意识态度的梦，但至少根据我的经验，这些梦是很罕见的。

49 现在，我在本研究中采用的方法似乎与这条释梦的基本原则直接相反，看起来对梦的解释丝毫没有考虑到脉络关系。而且事实上我也根本就没有考虑脉络关系，因为在这个系列中的梦（如上所述）并不是在我的观察下梦到的。如果我坚持这样做，就仿佛这是我自己做的梦，那么我就必须要提供相关的脉络关系。

50 如果把这个程序应用到我个人并不认识的某个人做的孤立的梦中，那么运用这种程序在技术上可就确实是个严重错误了。但在这里我们应对的并不是孤立的梦；它们形成的是一个连贯的系列，在这个过程中，其意义会或多或少地自动展现出来。这个系列就是梦者自己提供的脉络。仿佛摆在我们面前的不是一个文本，而是许多文本，从各个角度对这些未知的术语加以阐明，这样对全部文本的阅读就可以解释每一单个的梦中那些令人费解的片段了。另外，在第三章，我们关注的是我们早已从其他来源就已经获悉的一个确定的原型，这个原型

1 我有意忽略了对“互补”和“补偿”这两个单词的分析，因为那样做就会离题太远。

可以对解释产生极大的促进作用。当然，对每一片段的解释必然主要是依靠推测，但这整个系列的梦给我们提供了我们所需要的全部线索，可以使我们更正在前面片段中可能会犯的任何错误。

图6　咬尾蛇是伊雍（Aeon）的象征。引自Horapollo，*selecta hieroglyphica*，190，p.5，装饰图案。

51　不言而喻，虽然梦者是在我的学生的观察之下，但他对这些解释一无所知，因此对任何人的意见都不会有任何偏见。再者，我基于广泛的经验而坚持这种看法，即偏见的可能性和危险被人们夸大了。经验表明，客观的心理在最大程度上是自主的。如果不是这样的话，它就不可能发挥其最具特点的功能：对意识心灵进行补偿。意识心灵可以使自己像鹦鹉学舌一样接受训练，但无意识不能——这就是为什么圣奥古斯丁感谢上帝没有让他为自己的梦负责。无意识是一个心理事实；对无意识进行训练的任何努力只是表面上获得了成功，而对意识造成了伤害。这不是主观的任意控制所能达到的，在本性和秘密既不可能得到改进也不可能受到破坏的领域中，我们能够倾听，却不能干涉。

图7　负责指挥命运女神的一个母性人物。引自Thenaud, "Traité de la cabale"（手稿，16世纪），20，xxix。

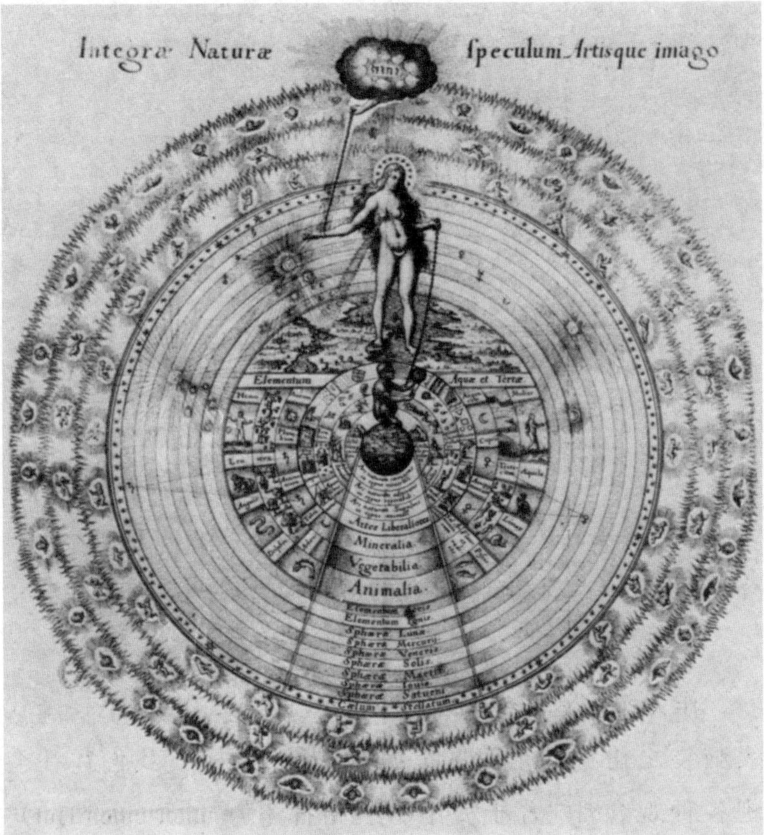

图8　世界灵魂(anima mundi),人类的导师,她自己则受上帝指导。布里(J. T. de Bry)的版画,引自 Fludd, *Utriusque cosmi*, 165, pp.4/5。

第二章

初始的梦

一、第一个梦

52 梦者身处一个社交场合，当要离开时，他戴上了一个陌生人的帽子，而没戴他自己的帽子。

53 作为头部遮盖物的帽子，其普遍意义是，它是一个代表脑袋之化身的东西。正如在进行总结时，我们往往会把各种观念都“置于一个脑袋指挥下”（unter einen Hut），所以帽子，作为一种主导观念，可以覆盖全部人格并且把它自己的意义传授给后者。给统治者加冕就是把太阳的神圣性质赋予他，戴上博士帽便被赐予了学者的尊严，而一个陌生人的帽子传递的却是一种奇怪的性质。梅林克[1]把这个主题用在他的小说《泥人哥连》(*Golem*,462)中,在小说中主人公戴上了阿他拿修·佩尔纳斯(Athanasius Pernath)的帽子,结果导致他经历了一种奇怪的体验。显而易见,在《泥人哥连》中,使主人公陷入幻想冒险的就是无意识。我们不妨即刻强调一下对这个故事进行类比的重要性,并且设想梦中的帽子就是阿他拿修的帽子,阿他拿修是个神仙,一个超越了时间的存在,一个与短暂而"偶然的"终有一死的人不同的普遍和永恒的人。这顶帽子环绕在头部周围,是圆形的,就像是皇冠上的太阳圆盘,因而包含着对曼荼罗的第一次暗示。我们将会发现在第九个曼荼罗梦中(第134自然段)得到证实的那种永恒属性,尽管帽子所体现出来的曼荼罗特点是在第三十五个曼荼罗梦境中表现出来的(第254自然段)。作为帽子发生变化的一个普遍结果,我们可以预料会产生一个和在《泥人哥连》中相似的东西,即无意识的出现。把某些人物包含在内的无意识就像是一个阴影,已经站在了梦者的身后并且推动其进入意识之中。

二、第二个梦

54 梦者打算乘火车旅行,由于他站在窗户前挡住了其他

1 古斯塔夫·梅林克(Gustav Meylink,1868—1932)是布拉格作家群中的一员,他于1914年创作了小说《泥人哥连》,在希伯来语中Golem的意思是"泥团、泥块",后来被改编成电影《泥人哥连》。——中译注

通行旅客的视线，他必须走开以免妨碍到别人。

55 这个过程正如此展开，梦者发现，他挡住了站在他身后的那些人的光线，也就是，其人格中的无意识成分。我们身后并没有眼睛；因此，"身后"就是看不见的、无意识的领域。只要梦者不再挡住窗户（意识），无意识内容就会变成意识的。

三、催眠的幻象

56 在海边。海水淹没了土地，洪水把一切都淹没了。而梦者正坐在一个孤岛上。

57 大海是集体无意识的象征，因为幽暗的深处就潜藏在其反射表面之下。[1]那些站在身后的人，无意识的阴影化身，就像洪水那样淹没了意识的陆地（terra firma）。这些入侵中存在一些怪诞的东西，因为它们是非理性的，是相关人士所无法理解的。它们会使其人格发生某种重大改变，因为它们即刻就会构成某种痛苦的个人秘密，使他与其周围环境疏远和隔离。这是

1 大海是容易产生幻想的一个地方（意即，容易受到无意识内容的入侵）。因此在《以斯得拉二书》11：1中关于鹰的梦中所见，就是从大海上飞过来的，在13：3、25和51中提到的在梦中看见的"人"，是"被风从大海中"带出来的。也请参见13：52："谁也不能深入海底去寻找那里未知的东西：同样道理，谁也不能看见我的儿子……"

一件我们“谁也不能告诉”的事情。我们担心被人谴责为心理变态——这样说并非没有道理，因为在疯子身上就发生过几乎同样的事情。即便如此，和我们直觉地感知到这种入侵并被它病态地淹没相比，还是有很大差别的，尽管外行的人并没有认识到这一点。一般地说，由于某种秘密而导致的隔离会把心理气氛激发起来，作为对失去与他人联系的补偿。它会把无意识激发起来，由此而产生类似于困扰沙漠中孤独的漫游者、航海家和圣徒的那些幻想和幻觉。这些现象的机理可以用能量的术语来做出最好的解释。我们与世间万物的正常关系一般是通过能量的某种消耗而得以保持的。如果与客体的关系被切断，就会使能量“保留下来”，从而产生某种等效的替代。例如，正如被迫害妄想症（persecution mania）源自某种关系受到不信任的荼毒所致，所以，作为对正常活跃环境的一种替代，幻想的现实就会由此而产生，在这种幻想中，一些奇怪的、像幽灵般的阴影代替人而到处飞来飞去。这就是原始人总是相信，孤独和荒凉的地方经常闹“鬼”，以及出现诸如此类鬼怪的原因。

四、第四个梦

58 梦者被一大群暧昧的女性形式的东西包围着（参见图33）。在他内心深处有一个声音说道：“首先我必须逃离我父亲。”

59 这里的心理气氛是被中世纪关于淫魔（succubi）的传说激发起来的。这使我们想起了埃及的圣安东尼（St. Anthony）看到的幻象，福楼拜（381）对此做了非常博学的描述。幻想的成分是当一个人把想法大声说出来时表现出来的东西。“首先我必须逃离”这句话是在表达一个结论，它的前一句话可能会表明其原因，即“为了……”（in order to）。大概会这样说，“为了追随无意识，即引诱人的女性形式”（图9）。父亲，即那个在宗教或一般生命哲学中表现出来的传统精神的化身，正挡住他的路。他把梦者囚禁在意识心灵及其价值观的世界中。传统的男性世界，连同其唯智论和理性主义，正在成为一个障碍，由此我们必然得出结论认为，现在正向他趋近的无意识，是与意识心灵的倾向直接对立的，尽管有这种对立，但梦者已经倾向于朝向无意识。由于这个缘故，就不应该让后者接受意识心灵的理性判断；相反，它应该是一种自成一格的（sui generis）体验。诚然，让理智接受这一点并非易事，因为它至少包含着部分的，即便不是全部的，知性的牺牲（sacrificium intellectus）。再者，由此而引发的问题是现代人非常难以把握的；因为一开始他只能把无意识理解为意识心灵的一种非基本的和不真实的附属物，而不是理解为有其自己法则的独特的经验领域。在以后的做梦过程中，这种冲突将一再出现，直到梦者最后发现了与意识和无意识都相关的正确方案，把人格安置在两者之间正确的位置上。另外，这种冲突不可能通过理解来解决，而只能通

图9　把睡着的国王唤醒被描述为帕里斯的判断，而赫尔墨斯则被描述为死神的向导。引自 Aquinas，“De alchimia”（手稿，16世纪），20，ix，fol.78。

过经验来解决。经验的每一个阶段都必不可少。没有任何解释技巧或任何其他谋略能使人避免这种难题，因为意识与无意识的统一只能一步一步地达到。

60 意识心灵对无意识的抵抗以及贬低，在人类心理的发展中有其历史的必要性，因为若非如此，意识心灵就绝不可能分离出来。但现代人的意识已经偏离无意识的事实太远了，我们甚至忘记了，心理根本就不是我们设计的，而是在大多数情况下都是自主发生的和无意识产生的。因此，无意识的到来在文明人中引起一阵恐慌，尤其是在把它比作有威胁的精神错乱时。理智并不反对把无意识作为一个被动的客体来“分析”；相反，这种活动与我们的理性期待是一致的。但是，让无意识自行其是并且把它作为现实来体验，是一件超出了一般欧洲人的勇气和能力的事情。他倒是宁愿不去理解这个问题。但对于精神比较软弱的人来说，这反而会是较佳的选择，因为任何事情都不是没有危险的。

61 无意识体验是一种个人秘密，只能和极少数人进行沟通交流，而且即使尝试进行沟通也相当困难；由此而产生上述隔离效果。但是，隔离就会引起对心理气氛的补偿性激发，使我们对这种神秘离奇的东西感到震惊。在梦中出现的那些人物是女性，因而指的是无意识中的女性性质。她们是仙女、迷人的塞壬或拉弥亚（图10、图11、图12；也请参见图157），她们使孤独的徘徊者被冲昏了头脑，最终误入歧途。同样，在波利

图10、图11、图12　梅露西娜；两个头的梅露西娜；戴面具的美人鱼。引自Eleazar, *Uraltes chymisches Werk*, 153，三个图分别对应于第85页、第85页和第98页。

菲尔（Poliphile）[1]的《尼克亚》[2]中一开始出现的是一个很诱人的少女（图33），而帕拉赛尔苏斯的梅露西娜[3]则是另一个类似的角色。

1　参见法文版的《寻爱绮梦》（*Hypnerotomachia*），以《波利菲尔之梦》（参见图4）而著称，117。

2　*Nekyia*, Νέχυια，源自νέχυζ（尸体），是《奥德赛》的第十一本书的题目，描述了奥德修斯入冥府为亡者祭祀的故事。因此，Nekyia是对“冥府之旅”，即下降到死人之领地的一种恰如其分的称呼，迪特里奇（Dieterich）在对艾赫米姆古抄本（364）进行评论时，就是在这个意义上使用它的，其中包含着《彼得福音》的一段启示录片段。典型的例子如《神曲》（*Divina Commedia*），《浮士德》中经典的瓦尔普吉斯之夜（Walpurgisnacht），以及在传说中降临到地狱的耶稣基督等。

3　Cf. Jung, 424.

五、幻　象

62　　一条蛇围绕梦者盘成一个圆圈，梦者像一棵树一样把根植入大地之中。

63　一个带有符咒魔力的圆圈图画（图13）是一种古老魔法的发明，凡是心中拥有某种特殊或隐秘目的人都会使用它。他以此来保护自己免遭“灵魂的危险”，这种危险会从外部对他产生威胁，任何一个心中怀有某种秘密的人都会受其攻击。同样的过程自古以来也一直被使用着，即画出一个神圣不可侵犯的地方；例如，在建立一座城市的时候，他们首先画出原始心灵特征的轨迹[1]或最初的褶皱[2]（参见图31）。梦者把根植入中心这个事实，是对他想要从无意识中逃离这一几乎无法克服的欲望的一种补偿。在产生这种幻象之后，他体验到了一种宜人的放松感——而且的确如此，因为他成功地建立了一个受保护的神圣围地（temenos）[3]，一个禁忌领域，他将能够在那里遇到无意识。以前那神秘可怕的隔离，现在对他来说却已升华为具有意义和意向的一种目标，这也进而消除了他的恐惧感。

1　指围绕着某个中心画出的奇异条纹，旨在以某种驱邪的手段防止外界影响，以免走火入魔。——中译注

2　Knuchel，440.

3　一块土地，常常是一片小树林，被划分出来并奉献给某个神祇。

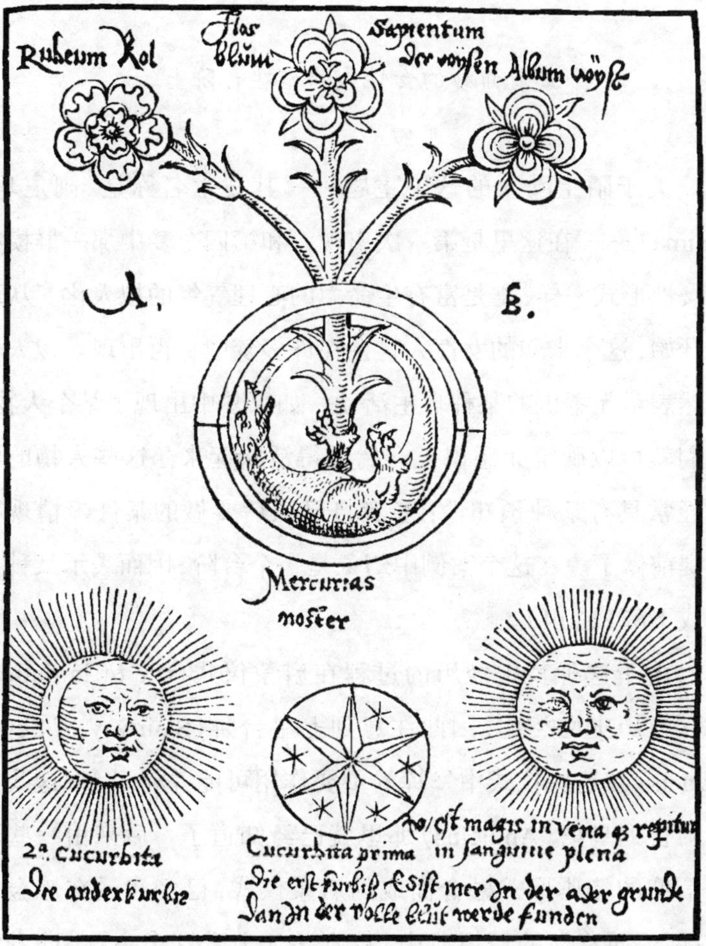

图 13 “咬尾蛇”(Uroboros)是炼金过程的原初物质(prima materia),上方:红色和白色的玫瑰,以及智慧之花。下方:太阳和月亮的化合(ciniunctio)。中间:作为儿子的哲人石。引自 Reusner,*Pandora*,281,p.257。

六、幻象，紧跟在第五个幻象之后发生

64　一个蒙着面纱的女性人物坐在台阶上。

65　关于陌生女人的这个主题——其技术名称是“阿尼玛”(anima)[1]——在这里是第一次出现。和第四个梦中那一群模糊的女性形式一样，她是富有生命力的心理气氛的拟人化。从现在开始，这个未知的女性人物会在许多梦中一再出现。拟人化必然表示无意识的某种自主活动。如果梦中出现了某个人物，我们就可以确定无意识正开始变得活跃起来。这些人物的活动经常具有某种预知性：梦者自己以后要做的某件事情现在被提前做了。在这个案例中幻象是一个台阶，因而表示某种上升或下降(图14)。

66　由于这种梦中经历的过程在启蒙仪式(rite of initiation)中存在历史性类比，因此注意到七星台阶(Stairway of Seven Planets)在这些仪式中发挥的重要作用可能并非多余，这我们在阿普列乌斯(Apuleius)那里就已经知道了。后来由一些不同信仰的经典形式融合而成的启蒙仪式，已经渗透在炼金术(参见佐西莫斯的幻想[2])中，特别关注上升这个主题，即升华

1　关于“阿尼玛”的定义，请参见Jung，427。

2　佐西莫斯(Zosimos)大约生活在公元300年。参见Reitzenstein，485，pp.9ff.；Berthelot，335，III，i，2。

图14　雅各的梦（威廉·布雷克的透明水彩画）。引自Binyon，337，Plate 79。

作用。这种上升常常是以梯子为代表的（图15）；因此在埃及的殉葬品中，一个小梯子就代表死者的灵魂（ka）。[1]通过七个星球而上升这个观点象征着灵魂回到它最初起源的太阳神那里，正如我们从弗米卡斯·马泰纳斯（Firmicus Maternus）那

1　关于梯子的这种猜测在第十二和第十三个梦中（第78自然段和第82自然段）得到证实，也请参见图14中的梯子。

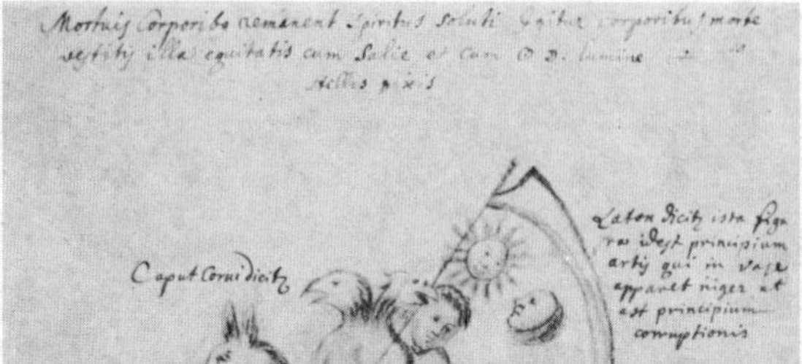

图15 哲人石之梯(the scala lapidis),代表炼金过程的诸阶段。引自“Emblematical Figures of the Philosopher’s Stone”(手稿,17世纪),20,x。

里就已经知道的例子。[1]所以阿普列乌斯所描述的关于伊西斯(Isis)的神秘故事[2],在中世纪早期的炼金术中达到了顶点,且可以追溯到通过阿拉伯传统流传下来的亚历山大大帝时代的

1 162:“异教徒们相信灵魂可以通过太阳之循环而降临。”

2 99.

文化[1]，即“solificatio”（炼金术中指受到太阳光辉的指引），在那里得到启蒙之人被加冕为太阳神赫利俄斯（Helios）。

七、幻　象

67　　蒙着面纱的女人露出她的脸庞。它就像太阳一样闪耀着光芒。

68　“solificatio”在阿尼玛身上得到了完美的体现。这个过程似乎相当于精神启示（illuminatio）或启蒙。这个“神秘的”观念与意识心灵的理性态度形成强烈对比，理性态度只承认理智启蒙是理解和顿悟的最高形式。诚然，这种态度绝不会估计到下述事实：科学知识只能使我们获得同一时代关于人格的一些小提示，而不可能了解集体灵性[2]，这种集体灵性可以追溯到古代的灰色迷雾之中，如果我们把它和当今时代的意识统一起来，就必然会要求举行某种特殊仪式。因此显而易见，人们正准备把意识“照亮”，这种“照亮”所拥有的精神启示特征，要远远多于理性“阐明”。“solificatio”与意识心灵相距甚远，而且在意识心灵看来它似乎并不真实。

1　Cf. Ruska，493.

2　参见“集体无意识”，载于Jung，425，Part Ⅱ，Def.55。

八、幻　象

69　一道彩虹将被作为桥梁来使用。但是人必须从桥下过而不能在桥上走。谁要是在桥上走，就会从桥上掉下去一命呜呼。

70　只有神祇才能安然无恙地走在彩虹桥上；只有终有一死的人才会掉下去并接受死亡，因为彩虹只是跨越天空的一种可爱的假象，不是血肉之身的人类走的公路。这些人必须“从桥下”走过（图16）。但是水也从桥下流过，沿着它自己的倾斜度往最低处流。这个暗示将在后面予以证实。

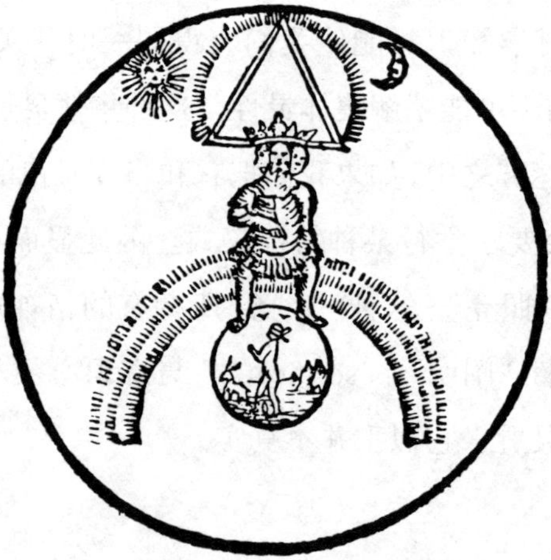

图16　作为人的三头墨丘利乌斯。下方：被动物引领着的蒙眼人。引自 Kelley, *Tractatus de Lapide philosophorum*, 205, p.101。

九、第九个梦

71　一片绿草地上放牧着许多羊。这是“羊之国土”。

72　这个乍一看不可理解的奇特片段，可能源自童年期的印象，尤其是源自宗教性质的印象，且这种联系并不难找到——例如，“他使我躺卧在青草地上”，或早期基督教关于羊和牧羊人的寓言[1]（图18）。下一个幻象所指的方向与此相同。

图17　作为白羊座和金牛座之牧羊人的艺术家（或赫尔墨斯），他象征着青春期的冲动，艺术创作过程的开始。引自Aquinas，“De alchimia”（手稿，16世纪），20，ix，fol.86。

1　基督教关于羊的象征作用的直接起源可以在《以诺书》的幻象中找到（89：10ff），参见Charles，351，II，p.252。《以诺启示录》（*Apocalypse of Enoch*）大约写于公元前1世纪初。

图18　作为牧羊人的耶稣基督，普拉契狄亚陵寝(Mausoleum of Galla Placidia)里的镶嵌图案，意大利拉文纳(424—451年)。引自Koemstedt，441，fig.50。

十、幻　象

73　一个不认识的女人站在羊之国土上，指引着道路。

74　已经预见到“solificatio”的阿尼玛，现在看起来像是灵魂指引者，那个指引道路的人[1](图19)。这条路始于童年的土地，也就是说，当理性的现代意识还没有和历史的灵性，即集体无意识相分离的时候。这种分离确实是不可避免的，但它会使意识与人类启蒙的模糊灵性产生疏离，并导致本能的丧失。这种

1　在以诺的幻象中，领头人和王子首先是作为羊或公羊而出现的，《以诺书》89：48(Charles，351，II，p.254)。

图19　作为向导的灵魂，正在指示道路。威廉·布雷克为但丁的《神曲：炼狱篇》(*Purgatorio*)第四章制作的透明水彩画，引自Binyon，337，Plate 102。

结果就是本能的萎缩，人们也因此在日常情境中迷失了方向。但分离也伴随以下情况，“童年的土地”必将保留着孩子气，而且会成为幼稚倾向和冲动的永久根源。这些干扰当然是意识心灵最不欢迎的，因此它始终压抑它们。[1]但是，这种压抑只能导致其与源头更加疏离，从而使本能更加缺失，直到它变得缺失了灵魂。其结果，要么意识心灵被完全淹没在孩子气之中，要么经常不得不借助于老年愤世嫉俗的虚伪或怨恨的辞职，而徒劳地防止自己被淹没。因此，我们必须认识到，尽管意识取得了不可否认的成功，但在人类的很多方面，当代意识的理性态度存在幼稚的不适应性，而且对生活充满了敌意。生活变得毫无生机、深受约束，且呼唤着要重新发现源头。但是，只有意识心灵本身被领回到“童年的土地”上，在那里像以前那样接受无意识的指导，这个源头才能被发现。过分长时间地维持童年状态就是孩子气，但是，起身离开并且假设童年不再存在，因为我们没有看到它，这同样也是孩子气。但是，如果我们回到“童年的土地”上，我们就会屈服于害怕变得孩子气，因为我们没有认识到，原本有灵性的所有事物都具有两面性，一张面孔向前看，另一张向后看。就像所有现实生活一样，它是摇摆不定的，因而是象征性的。

---

1 荣格教授的意思并不是说，意识心灵是唯一实施压抑的机构，而是起压抑作用的决定性力量。——编注

75 我们站在意识的高峰之上，相信有一条幼稚的道路可以把我们引向更高的高峰。这就是那座并不真实的彩虹桥。为了到达下一个高峰，我们必须先往下走到土地上，在那里道路开始分歧。

十一、第十一个梦

76 一个声音说道：“可你还是个孩子呀。”

77 这个梦迫使梦者承认，甚至是高度分化的意识也根本就不可能完成孩子气的事情，因此回到童年的世界很有必要。

十二、第十二个梦

78 和父母一起走了一段危险的路，上上下下地走了很多阶梯。

79 孩子气的意识必然和父母联系着，而绝不是单独存在的。回到童年必然是指回到父母身边，回到以父母为代表的非自我心灵中去，这有其漫长而重要的历史。退行意味着蜕变成历史的和遗传的决定因素，只有花费最大的努力，我们才能把我们自己从它们的拥抱中解脱出来。我们的史前精神实际上就是受重力束缚的灵魂，它需要台阶和梯子，因为和不具形体的空中智慧不同，它不能随意飞行。蜕变成一堆杂乱的历史决定因素就像一个人迷了路，在那里甚至正确的事情似乎也成了令人担忧的错误。

80 如前所暗示的，台阶和梯子的主题（参见图14、图15）指的是精神转换过程，它上上下下地进行了多次。我们在佐西莫斯关于光明与黑暗的十五级台阶的上升和下降中发现了一个经典的此类案例。[1]

81 正如弗洛伊德早就指出的，如果一个人不为此付出巨大努力，他当然不可能使自己从童年的纠缠中摆脱出来。而这种摆脱也不可能只通过理性的知识来达到；真正独自发挥效用的是一种记忆方式，也就是重新体验。转瞬即逝的岁月流年和蜂拥而来的新世界，把一大堆从未处理过的材料留在了身后。我们并没有把它摆脱掉；我们只是使自己与它分离了。这样，在以后的岁月中，当我们回想起童年的记忆时，我们会发现，我们的一些人格仍然发挥着作用，这些记忆萦绕在我们心头，使我们心中充满了过去的感受。由于还处在其童年状态下，因此这些记忆的碎片仍然发挥着非常强大的作用。只有当他们与成人的意识重新联系起来时，他们才会失去其幼稚的方面或者得到纠正。首先必须要应对的就是这种“个体无意识”

1 Berthelot，335，III，i，2；也请参见Jung，428。

(personal unconscious),也就是说,要使之成为有意识的,否则通往集体无意识的道路就不可能打开。与父母一起上上下下地走过多级台阶,暗示把那些还没有被整合起来的童年内容变成有意识的。

十三、第十三个梦

82 父亲焦虑地喊叫起来:“那是第七级啊!”

83 在走过很多级台阶的过程中,发生了一个可以被称为“第七级”的事件(图20)。用《创世记》的语言来说,“七”代表最高阶段,因此是所有欲望都觊觎的目标(参见图28)。但是,在世俗的心理看来,“solificatio”是一种稀奇古怪的东西,是一种濒临疯狂边缘的神秘的观念。我们假设,只是在充斥着糊涂迷信的黑暗时代,人们才以这种荒谬的方式思考,但是,在我们自己获得启蒙的时代,那种清晰和健康的心理早已成长壮大起来,超越了那些模糊观念,如此看来,这种特殊的“照亮”确实只有在今天的疯人院里才能见到。难怪父亲会感到恐慌和焦虑,就好像一只母鸡孵化出了一些小鸭子,因而看到她的孩子们居然具有水生动物的癖性,她被逼得快要绝望了。如果这种解释(“第七”代表照亮的最高阶段)是正确的,那就在原则上意味着,个体无意识的整合过程实际上已经结束了。此后集体

图20　六颗行星在第七颗里被统一起来，墨丘利被描述为咬尾蛇和红白（雌雄同体）双鹰。引自 Aquinas，“De alchimia”，20，ix，fol.94a。

无意识开始出现，这就足以解释作为传统精神之代表的父亲所感受到的焦虑。

84 但是，回到无意识的昏暗朦胧状态，并不意味着我们应该完全放弃我们的祖先以前获得的东西，即意识的理智分化。相反，这是一个占据了**理智**之地位的**人**的问题（不是梦者想象的自己就是的那种人，而是一个堪称更全面和更完整的人）。这就意味着要把所有事物同化到其人格领域之中，梦者却仍然把它们视为不赞同和不可能的东西予以拒绝。那个如此焦虑地喊叫着"那是第七级啊！"的父亲，就是梦者自己的一个精神成分，也就是他自己感到焦虑。因此要做这种解释，我们就必须在心中牢记，"第七"的意思不仅仅是指一个最高的点，而且也可能是指一个相当不祥的预兆。例如，我们曾在关于大拇指汤姆和食人魔（Ogre）的故事中遇到过这个主题。[1]大拇指汤姆是七兄弟之中年龄最小的。他那矮小的身材和可爱的外表显得很无害，但他也是把他的兄长们引领到食人魔巢穴去的人，这可以证明他具有危险的两面性，既可以带来好运，也可以带来厄运；换言之，他自己也是食人魔。自古以来，"七"就代表七位行星神祇（图20）；它们形成了金字塔铭文所说的"一伙神祇"（paut neteru，参见图21、图23）[2]。虽然一伙被描述为"九

1 英国民间传说中讲述的只有大拇指大小的主人公的历险故事。——中译注

2 巴奇（Budge，346，I，p.87）使用过这个短语。

图21　冥府中的七位行星神祇。引自Mylius, *Philosophia reformata*, 239, p.167, fig.18。

个”，但经常证明根本就不是九个，而是十个，有时甚至更多。所以马斯佩罗（Maspero, 1846—1916年）[1]告诉我们，这些人当中的第一个人和最后一个人可以发展起来或者成为双数，而不会对九这个数字造成伤害。在古希腊—罗马时代的那些经典神祇和后古典时代的巴比伦神祇中也曾发生过这种事，此时神祇们被贬斥为魔鬼，一部分退到遥远的星辰之中，另一部分退

1　458, II, p.245.

图22　在哲人蛋(炼金术的器皿)中的墨丘利乌斯。作为儿子的他站在太阳和月亮之上,象征着他的双重性质。那些鸟预示着精神的净化,而灼热的阳光使器皿中的小矮人变得成熟。引自*Mutus liber*,52,p.11。

到大地里的金属之中。由此可知,赫尔墨斯或墨丘利乌斯具有双重性质,是一个具有启示作用的地府鬼神,也是一个水银精灵,由于这个原因,他才以雌雄同体的形式表征出来(图22)。作为水星,他离太阳最近,因此他在很大程度上与黄金有关。但是,作为水银,他溶解了黄金并消除了其像太阳一样的光辉。在整个中世纪,他是自然哲学家们颇为困惑地予以思索的对象：有时候他是一个救护者和助人的精灵，一个πάρεδρος（字面的意思是"助手、同志"）或者朋友和家人（familiaris）；而有时候则是奴隶（servus）或逃亡者（cervus fugitivus，逃亡的奴隶或雄性动物）、逃避者（elusive）、骗子、戏弄人的妖精[1]，他驱使炼金术士们陷于绝望，他与魔鬼有许多共同属性。例如，他是一条龙、一头狮子、一只鹰、一只渡鸦，只提其中最重要的几种吧。在炼金术关于诸神的等级顺序中，作为原初物质的墨丘利乌斯排位最低，排位最高的是哲人石。精灵墨丘利（图23）是炼金术士的向导（赫尔墨斯之灵：参见图146）及其引诱者；他是他们的好运，也是他们的毁灭者。他的双重性质使他不仅是第七个，而且也是"谁都想不出来的"奥林匹斯山上的第八个（《浮士德》，第二部）。

85 读者似乎感到很奇怪，像中世纪炼金术那么久远的事情居然在这里有关联。但这种"黑色艺术"几乎并非像我们想象的那么久远；因为作为一个受过教育的人，梦者一定读过《浮士德》，《浮士德》自始至终就是一部炼金术的戏剧，尽管今天受过教育的人对此只有一些最模糊的观念。我们的意识心灵远不能理解所有的事情，但无意识总是关注古老的、神圣的事情，无论它们可能有多么奇怪，只要有合适的机会出现，我们就会想到它们。毫无疑问，《浮士德》影响了我们的这位梦者，

1 参见炼金术士与墨丘利乌斯的有趣对话，7，xxiii。

图23　在那个神秘的器皿中，两种性质统一起来（太阳和月亮，蛇杖），以生出雌雄同体之子，即赫尔墨斯之灵，六个行星神祇位于两侧。引自“Figurarum Aegyptiorum”（手稿，18世纪），30（b），p.13。

这非常像歌德年轻时在莱比锡的日子里，和冯·克勒滕贝格小姐一起研究泰奥弗拉斯托斯·帕拉赛尔苏斯（Theophrastus Paracelsus）时所受到的影响。[1]正如我们当然会设想的那样，正是在此时，把七和八神秘地等同起来已深入梦者的灵魂之中，其意识心灵绝不可能解开这个秘密。下面这个梦将表明，《浮士德》这个提醒者并非无中生有。

十四、第十四个梦

86 梦者身处美国，正在寻找一个长着一撮山羊胡子的雇员。他们说，每个人都有这样的雇员。

87 美国是一个注重实际的、思维直截了当的国度，没有受到我们欧陆式复杂状况的污染。在那里，人们非常切合实际地保持着理智，而理智就像一个被雇用的员工。当然，这听起来像是犯了叛逆罪（lèse-majesté），因而可能是一个严重的问题。所以，认识到大家（就像在美国必然出现的情况那样）都做同样的事情，这是很令人欣慰的。那个“长着一撮山羊胡子的人”就是我们历史悠久的靡菲斯特（Mephisto），他“受雇”于浮士德，却最终不被允许战胜浮士德，尽管事实是：浮士德敢

1 Goethe，393.

于下降到历史灵性的黑暗混沌之中，使自己沉浸于不断变化的生活的阴暗面，又从那个大熔炉中升上来。

88 人们从以后的一些问题中发现，梦者自己已经在那个“留着山羊胡子的人”身上认出了靡菲斯特这个人物。心灵的多才多艺与发明天赋和科学倾向一样，都是占星术意义上的墨丘利乌斯的属性。因此，那个长着山羊胡子的人代表的是理智，是被梦作为一个朋友或家人而引入进来的，一个乐于助人但又多少有点危险的精灵。所以理智是从它曾经占有的高级地位上被贬斥下来的，并且被排在了第二位，与此同时被刻上了魔鬼的烙印。它以前就一直都是魔鬼（只是梦者以前没有注意到他是怎样被理智占有的），是被默认的最高级力量。现在他有机会从更近的视角观看这种功能，这是迄今为止在其心理生活中无可争议的优势。他完全可以和浮士德一起惊叹：“那就是贵妇人的内核啊！”靡菲斯特是所有心理功能的邪恶方面，它从全部灵性等级中挣脱出来，现在享受着独立自主和绝对的力量（图36）。但是，只有当这种功能就像在梦中那样变成一个分离的实体，成为客观的或拟人化的东西时，人们才能感知到这个方面。

89 相当有趣的是，那个“留着山羊胡子的人”在炼金术的文献中也曾出现过，那是一篇名为《古德南论哲学石》（“Güldenen Tractat vom philosophischen Stein”）的古文[1]，写于1625年，赫伯

1 Cf.31.

特·西尔贝雷(Herbert Silberer)[1]从心理学的观点对此做过分析。在那伙古老的白胡子哲学家当中,有一个长着黑色山羊胡子的年轻人。西尔贝雷没有确定,他是否应该把这个人物设想为魔鬼。

90 作为水银的墨丘利乌斯是“液体”,即流动、理智(图24)

图24 由墨丘利乌斯主持的一些活动。图宾根(Tübingen)的手稿(约1400年),引自Strauss,512,fig.26。

1 504.

的一个非常适当的象征。因此，在炼金术中，墨丘利乌斯有时候是一个“精灵”，有时候则是一种“水”，所谓永恒之水（aqua permanens），其实不过就是汞（argentum vivum）。

十五、第十五个梦

91 梦者的母亲把水从一个脸盆倒进另一个脸盆。（梦者只记得和其他梦系列的第二十八个幻象有关，这个脸盆是他姐姐的。）这件事是非常庄重地进行的：对于外部世界来说它具有最重大的意义。然后梦者就被他的父亲抛弃了。

92 我们再次遇到了“交换”这个主题（参见第一个梦）：把一件东西放进另一件东西所在之处。“父亲”已经被处理过了；现在“母亲”开始行动了。正如父亲代表集体意识，即传统精神，母亲则代表集体无意识，即生命之水的根源[1]（图25）。（参见πηγή的母性意义[2]，封闭的源泉[3]，作为圣母玛利亚的一种属性，以及其他——图26。）无意识改变了生命力量的位置，因而表

1 因为水是万物之源，参见埃及的宇宙起源论。

2 Wirth，533，p.199.

3 “Fons Signatus”，把这个词应用于圣母玛利亚取自《所罗门之歌》（4：12）。和其他许多词语一样，这个词被编织进中世纪基督教教会关于圣母玛利亚思想的整体模式之中，而且现代的作者和思想家仍然在使用这个主题。——编注

图25　作为水银之泉（fons mercurialis）的生命之泉。引自 *Rosarium*，60（a）。

图26　一幅17世纪的祈祷图。圣母玛利亚的周围是她的各种标志：四边形封闭着的花园、圆形的庙宇、宝塔、大门、井和泉水、棕榈和柏树（生命之树），所有这一切都是女性的象征。引自Prinz，*Altorientalische Symbolik*，479，p.6。

示态度发生了改变。梦者随后的回忆使我们能够看出，现在谁才是生命之源：是“姐姐”。母亲是儿子的长辈，而姐姐则是其同辈人。如此，理智地位的下降就可以使梦者摆脱无意识的控制，从而改变其童年时期的态度。虽然姐姐是过去的遗迹，但从以后的梦中我们明确地知道，她才是阿尼玛意象的承载者。因此我们可以想象，把生命之水迁移到姐姐身上，实际上意味着母亲已被阿尼玛取代。[1]

93 现在阿尼玛变成了一种赋予生命的因素，一个与父亲的世界有强烈冲突的心理现实。我们当中有谁能够在不伤害其健康心智的情况下断言，他的人生轨迹接受了无意识的指导？设想一下，任何存在于这个世界上的人，有谁能够想象到这会是什么意思呢？完全能够对此进行想象的人当然会毫无困难地理解，这样一个一百八十度的大转变（volte face）会给传统精神，尤其是给披上了教会的世俗衣服的精神，造成怎样的巨大侮辱。正是心理观点的这种细微转变，才使古老的炼金术士们故意使之神秘化，并且赞成各种异端邪说。因此，父亲把梦者抛弃是符合逻辑的——这无异于被逐出教会。（注意，梦者是一个信奉罗马天主教的人。）通过承认这种心理现实，使之

---

1 这实际上是一个正常的生命过程，但它的发生通常都是非常无意识地进行的。阿尼玛是一个必然出现的原型。（参见 Jung, 425, Part II, Defs.48, 49；以及 Jung, 427。）母亲是阿尼玛意象的第一个承载者，在儿子的眼中，这赋予了它一种迷人的性质。然后通过姐姐和其他相似的角色而被迁移到所爱的人身上。

成为我们生活中共同的道德决定因素，我们就违背了习俗精神，多少世纪以来，这种习俗精神一直借助于组织机构和理性而从外部调节着心理生活。不是因为非理性的本能自己背叛了牢固建立起来的秩序；按照它自己的内部法则的严密逻辑，其本身就是可以想象的最牢固的结构，另外，它也是所有永久秩序的创造性基础。但是，正因为这个基础是创造性的，由此而产生的所有秩序（甚至以其最“神圣”形式表现出来的秩序）都是一个阶段，一个垫脚石。姑且不论这些相反的表现，秩序的建立和对已经建立起来的事物的解构，归根结底都不是人能够控制的。秘密就在于，只有能够毁灭自己的东西才是真正活着的。这些事情确实难以理解，因而这是一种有益健康的隐藏，因为不太聪明的脑袋太容易被它们弄糊涂了，变得混乱不堪。教义（无论是教会的、哲学的还是科学的教义）都对所有这些危险提供了有效的防护，而且，从社会的观点来看，逐出教会是一种必要和有用的结果。

94 母亲，即无意识，把水倒进属于阿尼玛的脸盆之中，这种水是心灵之生命力的一个绝妙象征（参见图152）。古老的炼金术士们总是不知疲倦地为这种水设计新的和给人留下深刻印象的同义词。他们称之为我们的水（aqua nostra）、活的水银（mercurius vivus）、活的白银（argentum vivum）、燃烧的生命（vinum ardens）、生命之水（aqua vitae）、月树之汁（succus lunariae），等等，这些同义词的意思是，一种并非没有物质的活的存在，与作为抽象概念的心灵的那种严格的非物质性相反。"月树之汁"这个短语非常清楚地指出，水是在夜间产生的，而"我们的水"和"活的水银"一样，都展现出其世俗性（参见图27）。醋酸（acetum fontis）是一种具有强烈腐蚀作用的水，可以溶解所有的创造物，与此同时也能使所有的产品最耐用，这就是神秘的哲人石。

95 这些类比可能看起来太不着边际了。但是，我想请读者参考下一章中第十三和第十四个梦（第154自然段和第158自然段），在那里将再次提到这种象征作用。[1]梦者自己提到的该事件"对于外部世界"的重要性，指的是梦的集体意义，以及下述事实，即由此而做出的决策在相同的方向上对梦者具有重大影响。

96 "extra ecclesiam nulla salus"（在教会之外就不会获得拯救），这种说法是以下述认识为依据的：教会机构是一个安全的、有实践价值的机构，有一个可见的和可以确定的目标，在其之外不可能发现任何其他途径和目标。我们一定不要低估了迷失在混沌之中的灾难性影响，即便我们知道这是精神和人格再生的必要条件。

---

1 这里引用的类比大部分引自写于12世纪和17世纪之间的拉丁文献。这些文本中最有趣的一个就是《哲学玫瑰园》(60)。可以非常明确地认为该匿名作者是一位"哲学家"；而他显然已经清楚地认识到，这并不是一个制作普通黄金的问题，炼金术是一种哲学的秘密。

图27　在浴室里把太阳和月亮结合时产生的生命再生影响。Milan, *Biblioteca Ambrosiana*, Cod. I, 6 inf.; 引自Carbonelli, 349, fig.X。

十六、第十六个梦

97 在梦者面前放着一张纸牌梅花A。在它旁边有一个七。

98 作为“一”的A是最低的纸牌，但又是价值最高的。以十字的形式表现出来的梅花A，指的是基督教的象征。[1]因此在瑞士德语中，梅花常常被称为Chrüüz（十字）。与此同时，“三”的含义是暗指一个上帝有三重性质。最低和最高是开始也是结束，是阿尔法（alpha）也是欧米伽（omega）。

99 七是在梅花A之后出现的，而不是在它之前。这个观念很可能是指：首先，基督教关于上帝的概念，其次是七个（阶段）。这七个阶段象征着转换（图28），这种转换是从十字和三位一体的象征作用开始的，而且，根据第七和第十三个梦中早期的古老典故来判断，这种转换在“solificatio”达到极点。但是这种解决方案并没有在这里暗示出来。现在，我们知道了，除了叛教者尤里安[2]徒劳无益地试图退回到古人的赫利俄斯那里之外，从中世纪开始就存在另一个运动，那就是向玫瑰过

---

1 参见第二个梦系列中的第二十三个梦境（第212自然段）。

2 罗马皇帝君士坦丁一世之侄，他博学多才，集学者、作家和将军的身份于一身，在位期间（360—363年）允许宗教信仰自由，并允许犹太人在耶路撒冷重建圣庙，其本人信奉异教，是君士坦丁之后唯一的非基督教徒帝王，因此教会称他为“叛教者”。——中译注

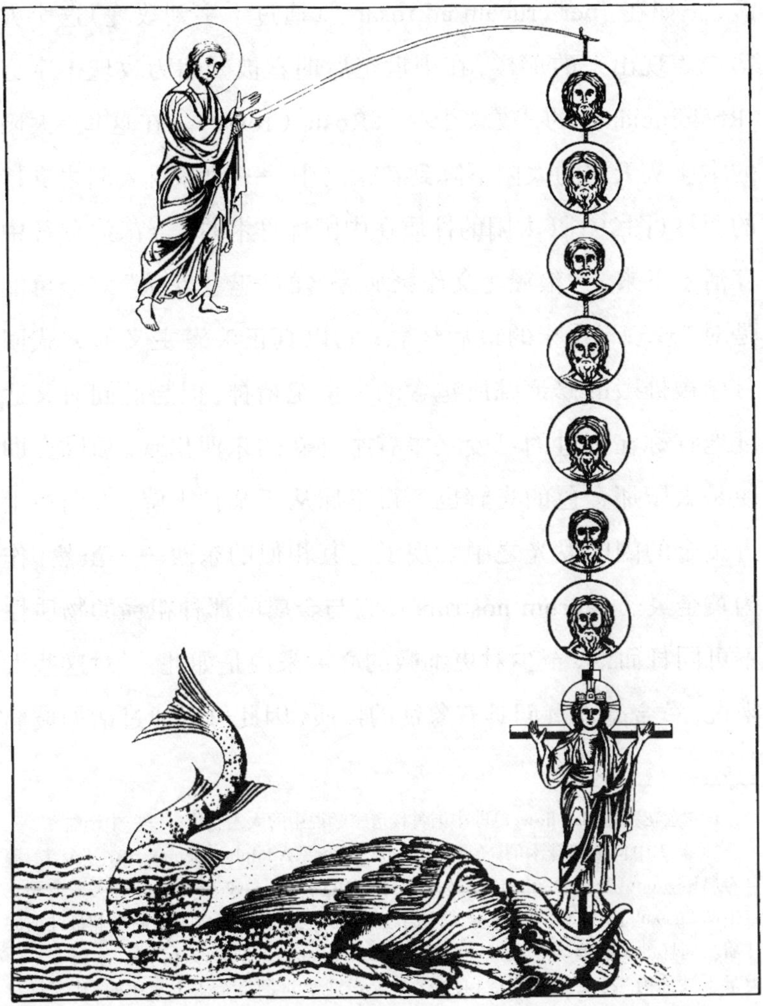

图28　以十字架作为诱饵，用七重大卫固定的钓线捕获了利维坦。引自“Hortus deliciarum”，181；Beissel，332，p.105。

渡，正如在“per crucem ad rosam”（通过十字到玫瑰）这个方案中表现出来的那样，在中世纪后期它被凝缩为玫瑰十字会（Rosicrucians）的“玫瑰十字”（Rosie Crosse）。在这里，太阳的本质从天国的太阳下降到花朵之中——地球对太阳之支持的回答（图29）。（太阳的性质在中国炼丹术的“金花”[1]象征中存活了下来。）[2]浪漫主义作家那著名的“蓝色花朵”完全可能是对“玫瑰”香味的最后怀念；它以真正浪漫主义的方式回首已被摧毁的修道院所包含的中世纪精神，但与此同时又适度地宣称在尘世的可爱之中有某种新的东西出现。但是，即便是太阳那金色的光辉也不得不屈从于某种下降，人们在尘世黄金的闪闪发光之中发现了与其相似的东西——虽然，作为黄金灵药（aurum nostrum），它与金属的那种粗糙的物质性不可同日而语，至少对更细微的心灵来说是如此。[3]对这些人来说，黄金毫无疑问具有象征的性质，因此可以通过诸如玻璃

---

1 “金花”（golden flower）即中国古代道家学说中的太乙金华。——中译注

2 关于中世纪炼金术的“金花”（图30），请参见Adolphus Senior，301。“金花”源自希腊语χρυσάνθιον（Berthelot，335，III，xlix，19）和χρυσάνθεμον，是一种类似荷马史诗中的“μῶλυ”的迷人植物，炼金术士们经常提到它。金花是黄金最高贵和最纯洁的性质。同样的名称有时也会赋予黄铁矿（参见Lippmann，451，I，p.70）。永恒之水的力量也被称为“花朵”（493，p.214，20）。“Flos”是后世的炼金术士常用的，代表神秘转换的物质。例如，“flos citrinus”（黄花，参见“Aurora consurgens”，14），“flos aeris aureus”（天空的黄金花，参见“Consilium coniugii”，I，iv，p.167），“flos est aqua nummosa（Mercurius）”（水之花，参见“Allegoriae sapientum”，7，xxvi，p.81），“flos operis est lapis”（石之花，参见Mylius，239，p.30）。

3 正如《哲学玫瑰园》（60）所说：“我们的黄金不是世俗的黄金。”

图29　七片花瓣的玫瑰是对七颗行星的比喻，也代表转换的七个阶段等。引自Fludd，*summum bonum*，164，卷首插画。

（vitreum）或哲学（philosophicum）这类属性而区分出来。很可能正是因为它和太阳简直太相似了，以致人们拒绝给予黄金最高的哲学名誉，并将这一名誉给予了哲人石。因为转换者位于被转换物之上，并且转换就是这块神奇石头的魔力性质之一。《哲学玫瑰园》说道："因为我们的石头，即那个使自己高居于黄金之上并且把它征服的活的西方水银，亦即那个能死而复生的东西。”[1]至于哲人石的哲学意义，下面这段摘自据说是赫尔墨斯之论述的片段，特别有启发作用：“你们这些智慧的儿子，要理解这块格外宝贵的石头说的话…… ‘我的光芒征服过所有的光芒，我的美德比所有的美德都更加卓越……我生出了光明，但是我也具有黑暗的性质……’ ”[2]

十七、第十七个梦

100 梦者散步走了很长一段路，在路边发现了一朵蓝色的花。

101 散步就是没有具体目标地沿着道路漫步；这既是一种寻觅，也是一系列的变化。梦者发现一朵蓝色的花朵在路边漫无目的地盛开着，一个被偶然发现的大自然之子，引起了对更浪漫、更抒情年代的友好回忆，那是一个充满青春活力的季节，而万物刚刚开始复苏，科学的世界观还没有和实际体验的世界分离开来——或者毋宁说，此时这种分离才刚刚开始，而眼睛正开始回首过去已经发生过的事情。花朵实际上就像是一种友好的表示，一种源自无意识的神秘启示，它表示，这位梦者，

1 2, xii, p.223.
2 Ibid., p.239.

作为一个现代人已经被剥夺了安全感，以及与使人获得拯救的所有事物进行交流的能力，而在这个使人获得拯救的历史性场所，他可以遇到志同道合的朋友和兄弟，他也可以发现想要在他身上萌芽的种子。但是，梦者对于那个把纯洁的花朵与炼金术这门可憎的黑色艺术，以及“solificatio”这个亵渎上帝的异教观念联系起来的古老的太阳金（solar gold）还一无所知。因为“炼金术的金花”（图30）有时候可能是一朵蓝花：“一朵雌雄同体的蓝宝石之花。”[1]

图30　红白相间的玫瑰，炼金术的金花，是哲学之子（filius philosophorum）的诞生地。引自“Ripley Scowle”（手稿，1588年），20，xiii，No.1。

1　7，xxx，p.899.

十八、第十八个梦

102 一个男人伸出手递给了他几枚金币。梦者愤怒地把钱扔在地上，但又马上对其行为深感后悔。随后在一个封闭的空间里发生了各种不同的表演。

103 蓝花的历史在此后已开始缓慢地转动。把“黄金”呈现在他面前，却被他愤怒地拒绝了。[1]对哲学的金子（aurum philosophicum）做这样的解释是很容易理解的。但是，比较难以理解的是，一阵悔恨之情由此而生，这个宝贵的秘密竟然被拒绝了，对斯芬克斯之谜竟然做出了这种错误的解答。在梅林克的《泥人哥连》(462）中也发生过类似的事情，当时那个幽灵给了他一把粮食，却被他轻蔑地拒绝了。黄色金属的那种粗俗的物质性连同其令人作呕的铜臭味，以及粮食那普遍类似的外观，使我们完全可以理解这两种拒绝——但是，这恰恰就是为什么人们这么难以发现哲人石的原因：它就是艾克西利斯[2]，面貌丑陋，“人们发现它被扔在大街上”[3]，它是可以俯拾皆是的最常见的东西，“在高原中，在山与海中”。它具有与斯皮特勒（Spitteler）的

1 荣格教授在这里把送金币的人等同于“黄金”本身。——编注

2 Exilis，非洲的一种谷物，非常易于栽培。该词也多用于形容微小的东西。——中译注

3 在《论黄金》(*Tractatus aureus*，180）中，我们甚至能够读到这样的话：“被废弃的污物……毫无价值。”

《普罗米修斯和厄庇米修斯》(507)中的宝石相同的"普通"方面，由于同样的原因，这一点也没有被世界上的智者们认识到。但是，"被匠人拒绝了的那块石头，已成了房角的头块石头"，而且对这种可能性的直觉唤起了梦者心中最真实的悔恨之意。

104 正是其外部方面的这种平庸性，才使黄金得以制作而成，即，被制作成金币，盖上章，获得价值。把它应用在心理学上，这就是尼采在其《查拉图斯特拉如是说》中拒绝去做的事情：给美德命名。通过被制作和被命名，心理生活就会被分解成硬币似的有价单元。但是，之所以会有这种可能，是因为从本质上讲它是大量各种不同的东西，是尚未被整合起来的遗传因素的累积。自然人并不是一个"自性"(self)——他既是整个集合，也是集合中的一个质点，通过聚集在一起而达到整体的程度，以致他甚至无法确定他自己的自我(ego)。这就是为什么自古以来他都需要用这些神秘的转换把他转变成某种东西，把他从动物的集体灵性中营救出来，后者就是一个大杂烩。

105 但是，如果我们拒绝人是这种"如其所示"的毫无意义的搭配，那么他就不可能得到整合，不可能成为一个自性。[1]而这就意味着精神的死亡。自行其是的生活并不是真正的生活；

1 这并不意味着，可以认为自性只是在人生旅程中被创造出来的；相反，这是一个关于意识的问题。自性是从一开始就存在的，却是潜在的，也就是无意识的。参见我后来的解释。

只有当它变得众所周知的时候，它才是真实的。只有统一的人格才能体验生活，而不是那种被分裂成不同部分的人格，不是一大堆也自称为“人”的杂七杂八的东西。已经在第四个梦（第58自然段）中暗示过的那种危险的多样性在第五个幻象（第62自然段）中得到了补偿，在那里蛇画了一个魔圈，因而划定了禁忌区域（参见图13），即神圣围地（图31）。这个神圣围地以完全相同的方式在类似的情境下再次出现在这里，把“许多人”拉在一起，参加一个统一而又多样的表演，一个看似娱乐的聚会，尽管很快它就会失去其娱乐的性质：“滑稽的闹剧”将演变成一场“悲剧”。根据所有的类比，羊人剧（satyr play）[1]是一种神秘的表演，我们可以由此设想，和在其他地方一样，其目的是重建人与其自然祖先的联系，以及与生命之源的联系，这很像是厄琉西斯之谜中雅典的女士们讲述的那种不堪入目的、“αἰσχρολογία”（血腥的）故事，人们认为这可以促使土地肥沃。[2]（也请参见希罗多德讲述的与布巴斯提斯古城的伊西斯庆典有关的炫耀式表演。）

106 但是，提到神圣围地的补偿意义，对梦者来说还是一头雾水。可以想象，他更关心的是精神死亡的危险，对这种危险的想象源于他对历史背景的拒绝。

---

1 古希腊的一种滑稽喜剧。——中译注

2 Foucart，385.

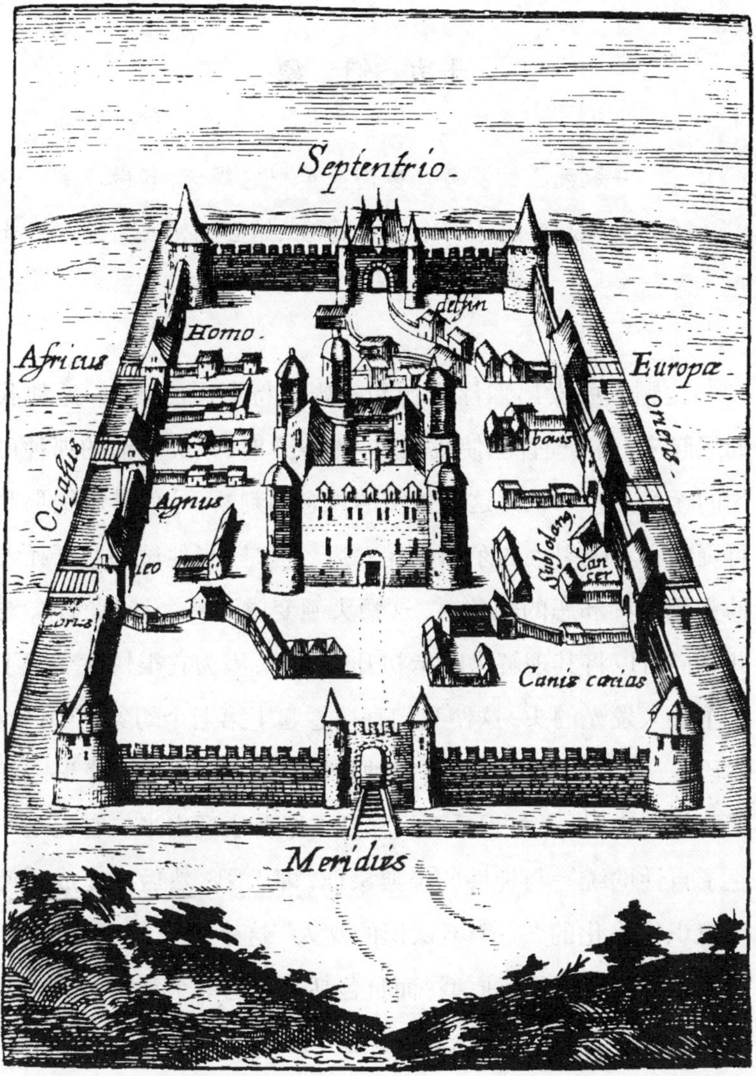

图31　这座象征性城市是地球的中心,其四周的围墙是按四方形设计的：一个典型的神圣围地。引自 Maier, *Viatorium*, 224, p.57。

十九、幻　象

107 一颗死人的头颅。梦者想要把它踢走，却做不到。这颗头颅逐渐变成了一个红色的球，然后又变成了一个发光的女人头。

108 这颗头颅发出像浮士德和哈姆莱特那样的独白，这使我们想起来，当"理智能使我们成为懦夫"时，人类生活的那种可怕的无意义感。正是这些传统的观念和判断，才使梦者把那些可疑的和不吸引人的东西掷在一边。但是，当他试图避开死人的头颅这种邪恶的幻象时，这颗头颅变成了一个红色的球，对此我们可以将其理解为暗指初升的太阳，因为它很快就变成了一个女人发光的头，这使我们直接想起了第七个幻象（第67自然段）。这里出现的显然是一种物极必反，即对立的游戏[1]：在受到拒绝之后，无意识反而更强烈地坚持表现出来。它先是产生了自性的统一与神性的经典象征，即太阳；然后又变成了使无意识拟人化的"一个不认识的女人"这个主题。诚然，这个主题不仅包括阿尼玛原型，而且包括梦者与一个真实女人的关系，这个女人既是一种人格，也是灵性的一个器皿。（在第十五

1 Cf. Jung，425，Part II，Def.18.

个梦，第91自然段中“姐姐的脸盆”。）

109　在新柏拉图主义哲学中，灵魂与圆球形有明确的关联。灵魂物质就围绕在炽热天堂之上由四元素组成的同心圆周围。[1]

二十、幻　象

110　一个球。那个不认识的女人站在球上，进行太阳崇拜。

111　这个印象是对第七个幻象（第67自然段）的扩展。第十八个梦中的拒绝显然使整个发展过程被破坏到那种程度了。结果，最初的象征现在重新出现了，而且是以放大的形式出现的。一般来说，这种物极必反是梦系列的典型特点。除非意识心灵进行干预，否则无意识就会持续不断地、一波接一波地、毫无结果地向外发送，就像是传说中的宝藏，要花费九年、九个月、九个晚上，才能上升到表面，如果在最后一个晚上没有被发现，就会沉下去，再次从头开始。

112　这个球很可能来自红色的球的观念。虽然这是太阳，但这

1　参见Fleischer，382，p.6；柏拉图也曾提到原始的人类是圆球形的，以及恩培多克勒（Empedocles）的球体σφαῖϱοζ。既然它是以《蒂迈欧篇》（*Timaeus*）为依据的，那么炼金术的世界灵魂，就像物质的灵魂一样，是圆球形的，黄金也是如此（参见图209）。（Maier，220，pp.11f.）关于圆孔和头颅或头之间的关系，请参见Jung，430。

个球是地球的意象，阿尼玛（灵魂）站在其上进行太阳崇拜（图32）。因此，阿尼玛和太阳有所不同，这意味着太阳代表一个与阿尼玛原则不同的原则。后者是前意识的拟人化，而太阳则是生命之源和人的终极整体的象征（正如在"solificatio"的概念中所示）。现在，太阳是一个仍然离我们很近的古代象征。我们也知道，早期基督教人士比较难以把"ἥλιοζ ἀνατολῆζ"（初升的太阳）和耶稣基督区分开来。[1]梦者的阿尼玛似乎仍然是一个太阳崇拜者，就是说，她属于古代的世界，而且出于下述原因，即抱有理性主义态度的意识心灵对她几乎没有什么兴趣，因此不可能使阿尼玛变成现代化的灵魂（或者说，使之成为基督教徒）。我们几乎可以说，理智的分化仿佛是从基督教的中世纪开始的，由于学术训练的结果，这种理智分化驱使阿尼玛退行到古代世界。文艺复兴为此给我们提供了足够的证据，其中最清晰的就是《寻爱绮梦》（142），在这本书里波利菲尔在维纳斯女王的神殿里遇见了他的阿尼玛，即波利亚女士，她完全没有受到基督教的影响，而且很荣幸地具有古代的全部"美德"。（这本书被正确地视为16世纪的一个神秘文本。[2]）于是，我们和这个阿尼玛一起，直接投身于古代世界之中。这样我就

1　参见圣奥古斯丁的论点，上帝并不是这个太阳，而是这个太阳的制造者（III，Treatise XXXIV，2），以及尤西比乌斯（Eusebius）的证据，他实际上曾亲眼目睹过"基督教的"太阳崇拜（Oratio VI；引自Cumont，358，I，p.356）。

2　在《寻爱绮梦》印于1600年的法文版导言中，非常清楚地说明了这一点。参见我在"帕拉赛尔苏斯是一种宗教精神现象"这个主题上所说的话，424。

图32 太阳与月亮的化合。引自Trismosin,“Splendor solis”(手稿,1582年),其复制文本可参见316,Plate IV。

不会认为有人会错误地把上述物极必反的完成(ex effectus),解释为企图逃避这种令人遗憾的和不合时宜的向古代的退行。炼金术哲学的某些至关重要的教义在文本上可以追溯到古希腊—罗马时代末期的思想融合,例如,就像鲁斯卡(Ruska)在《哲人集》(*Turba Philosophorum*)的案例中充分确立的那样。[1] 因此,对炼金术的任何暗指都会把人抛回到古代世界,使人怀疑是否倒退到了异教徒的水平。

113 在这里我要适当强调地指出,梦者在意识层面上对所有这一切全都一无所知,这么做可能并非多余。但是,在其无意识中,他沉浸在这个历史联想的海洋之中,因此他在梦中的行为表明,仿佛他已经完全认识到人类心灵历史上的这些奇怪现象。他实际上是精神自主发展的一个无意识的说明者,就像中世纪的炼金术士或古典的新柏拉图主义者那样。因此,人们可以说——半信半疑地(cum grano salis)——从一个人自己的无意识中对历史进行建构,就像从实际的文本中进行建构一样容易。

二十一、幻　象

114 梦者被一些仙女包围着。一个声音说道:“我们始终都在那里,只是你没有注意到我们罢了。”(图33)

1 493.

图33　波利菲尔被仙女们包围着。引自 *Songe de Poliphile*, 117, p.9。

115　此处退行得就更远了，退行到了一种毫无疑问是来自古代的意象。与此同时，第四个梦中的情境（第58自然段）再次表现出来，还有第十八个梦的情境，在那里受到的拒绝导致了第十九个幻象中防御性的物极必反。但在这里，这种意象被幻觉的认识放大了，即这出戏早已经存在，只是直到现在才受到注意。认识到这个事实，就把无意识心理与意识心理作为一个共同存在的实体结合在一起了。梦中的“声音”现象对梦者来说总是具有自尊（αὐτὸς ἔφα）[1]这种最终的和无可争辩的特性，

1　“他自己是这样说的。”这句话最初暗指毕达哥拉斯（Pythagoras）的权威。

意即，这个声音毫无疑问地表达了某种真理或条件。梦者已经确立了一种遥远过去的感受，也已经和最深层次的灵性建立了联系，而这个事实已被梦者的无意识人格所接受，并且作为一种比较安全的感受而和其意识心灵进行了沟通。

116 第二十个幻象把阿尼玛表征为一个太阳崇拜者。可以说，她是从球体或球体形式中走出来的（参见图32）。但是，第一个球体形式是头颅。根据传说，头或脑是理智灵魂（anima intellectualis）的住所。同样由于这个原因，炼金术的器皿也必须像头一样是圆形的，因此从这个器皿中出来的东西也将同样是“圆的”，意即，就像世界灵魂那样简单和完善。[1]这项工作的最高境界是制作圆孔（rotundum），作为圆形的物质（materia globosa），它以黄金的形式位于开端，也位于末端（图34；也请参见图115、图164、图165）。很可能那些“始终都在那里”的仙女就是暗指此事。这个幻象的退行性在下述事实中也显而易见：有多种女性形式，就像在第四个梦中那样（第58自然段）。但这一次她们具有古典的性质，就像第二十个幻象中的太阳崇拜一样，意指一种历史的倒退。把阿尼玛分裂成许多角色就等同于把它分解成一种不确定的状态，意即，分解成无意

1 参见“Liber Platonis quartorum”，7，xxviii，pp.149ff.，174。这篇文章是炼金术历史上非常重要的一个哈兰奈特（Harranite）文本。它有阿拉伯文和拉丁文两个版本，但后一种版式很遗憾已经非常破败了。其最早可能是在10世纪时撰写的。参见Steinschneider，510。

识，我们可以由此猜想，意识心灵的相对分解是与这种历史倒退并行不悖的（这是一个可以在精神分裂症中观察到其极端形式的过程）。意识的分解，或者如让内（Janet）所说，“精神水准的降低”，与原始的心理状态非常接近。这种与仙女相关的情景的类比，我们可以在帕拉赛尔苏斯的“仙女的领地”（regio nymphidica）那里发现，这在《长命百岁》（*De vita longa*）这篇论著中是作为自性化过程的初始阶段而被提及的。[1]

图34　站立在圆孔之上的黑斑蚧，即黑色的太阳。引自Mylius，*Philosophia reformata*，239，p.117，fig.9。

1　我推荐读者看一看我写的关于帕拉赛尔苏斯的研究，424，pars.222ff（424a，pp.100ff）。

二十二、幻　象

117 在一片原始森林里，一头大象以威胁的姿态突然出现。接着一个巨大的猿人、狗熊或者野人威胁要用棍棒攻击梦者（图35）。突然那个“长着山羊胡子的人”出现了，他用眼睛盯着攻击者，如此他就被迷惑住了。但是梦者很害怕。那个声音说道：“一切都必须由光明来统治。”

图35　一个中世纪（15世纪）的“野人”。引自Codex Urbanus Latinus 899（15世纪），20，li，fol.85。

118 仙女们的多样性已经被分解成更为原始的成分；也就是说，心理气氛的活跃性已经极大地增强了，我们必定会由此得出结论认为，梦者与其同时代人相疏离的现象也相应地增强了。这种得到增强的疏离感可以追溯到第二十一个幻象，在那里其实现了与无意识的统一，而且被作为一个事实接受下来。从意识心灵的观点来看，这是相当非理性的；它构成了一个使人们必定会焦虑地予以关注的秘密，因为其存在的合理性根本就不可能被任何所谓理性的人所解释。谁要是想这样做，就必定会被贴上疯子的标签。因此，把能量排放到环境之中受到了极大的阻碍，这导致了无意识方面的能量过剩：因此那些无意识人物的自主性得到了不正常的增长，最终产生了攻击性和真正的恐惧。早先各种不同的娱乐表演现在开始变得让人很不舒服。我们发现，接受仙女这类古典人物变得相当容易了，这多亏了相关的美学润色；但是我们并不知道，在这些仪态优美的人物背后隐藏着狄俄尼索斯的古代秘密，是一场有其悲剧内涵的羊人剧：把已经变成动物的神祇进行了血淋淋的肢解。我们需要一个尼采，来揭示虚弱的欧洲学童对古代世界的态度。但是，对尼采来说，狄俄尼索斯意味着什么呢？他说的与它有关的话必须严肃对待；它对他所做的一切就更要严肃对待。毫无疑问，他在患上绝症的初始阶段就知道，扎格列欧斯（Zagreus）那惨淡的命运是他应得的。狄俄尼索斯是激情分解的深渊，在那里所有人类的特质都沉浸在原始精神的动物神性之中，那是一种极乐而又可怕的体验。蜷缩在其文化之墙后面的人性相信，它已经逃脱了这种体验，直到他成功地释放出另一场血腥狂欢。当这种事发生之时，所有的好人都惊呆了，并且对巨额融资，对军火工业，对犹太人，对共济会会员加以谴责。[1]

119 现在，那个“长着山羊胡子的”朋友作为一个乐于助人的解围之人（deus ex machina）在现场出现，要消除那个可怕的猿人造成的破坏威胁。多亏了靡菲斯特及时地出现及其实际的观点：当浮士德凝视着经典的“瓦尔普吉斯之夜”（Walpurgisnacht）[2]的妖魔鬼怪时，有谁知道浮士德表现出多么镇静的好奇心呢！还有多少人能够记得备受谴责的理智在正确的时刻做出的科学或哲学的反思呢！那些谴责理智的人也会质疑自己，他们从未有过某种体验：这种体验有可能向他们传授某种武器的价值并向他们表明，为什么人们会付出如此前所未有的努力来锻造它。一个人不得不异常地脱离生活，不去注意这类事情。理智可能就是魔鬼（图36），但这个魔鬼是“混沌的奇怪儿子”，人们可以最迅速地相信他能够有效地对付他的母亲。要是这个魔鬼在找活干，那么这种狄俄尼索斯的体验

1　我是在1935年春季写这段话的。

2　瓦尔普吉斯（Walpurgis）是德国艾希施台特地方的本笃会修女院院长。她生前品德高尚，抵制巫术，受到民众爱戴，逝世后成为天主教的圣女。每年5月1日是她的纪念日。根据德国民间传说：每年在瓦尔普吉斯祭日的前夜，妖魔鬼怪都要在哈尔茨山中的布罗肯峰聚会狂欢，向圣女瓦尔普吉斯代表的正统教会示威。——中译注

图36　作为空中精灵和邪恶理智的魔鬼。欧仁·德拉克罗瓦[1]为《浮士德》（第一部）绘制的插图（395）。

1　欧仁·德拉克罗瓦（Eugène Delacroix，1799—1863年），法国著名画家。——中译注

就会给这个魔鬼提供很多活去做，因而与无意识和解远比赫拉克勒斯（Hercules）的功绩更重要。按照我的观点，它代表整个问题世界，这些问题就算是理智也不可能在一百年的时间里解决——这就是为什么人们会经常离开一段时间去休假，通过比较轻松的任务来得到恢复的原因。这也是为什么精神会如此经常和如此长时间地被遗忘，以及为什么理智会如此经常地使用诸如“超自然”（occult）和“神秘”（mystic）这类用魔法辟邪的词语，其目的就是希望，就连理智的人也如此认为，这些轻声低语确实有某种意义。

120 那个声音最后宣布，“一切都必须由光明来统治”，这很可能意味着心灵意识的洞察之光，一种真诚的精神启示。无意识的黑暗深处不再被无知和诡辩所否认（充其量对常见的恐惧做一些拙劣的伪装），它们也不用被伪科学的理性化所解释。相反，现在必须承认，在精神中存在的东西我们所知甚少或者根本一无所知，这些事物具有和物理世界的事物至少同等程度的真实性，对此我们可能最终也不会理解，但它会以最难以控制的方式影响我们的身体。凡是主张其研究主题是非真实的或者“除此之外什么都不是”的研究路线，不可能对知识有任何贡献。

121 随着理智的积极干预，无意识过程的一个新阶段开始了：现在意识心灵必须与不认识的女性人物（“阿尼玛”），与不认识的男性人物（“阴影”），与智慧的老人（“有神力的人格”），以及与**自性的象征**达成一致。[1]最后提到的这个术语，我们将在下一章讨论。

图37　拥有七片花瓣的花朵。引自Boschius, *Ars symbolica*, 127, Symbol. DCCXXIII, Class. I, Tab. XXI。

1　关于这些术语，请参见Jung, 427。

图38　墨丘利乌斯是站在金(太阳)银(月亮)喷泉之上的处女,怀中的龙是她的儿子。引自 Aquinas,“De alchimia”,20,ix,fol.95a。

第三章

曼荼罗的象征作用

一、关于曼荼罗

122 正如我已经说过的，我已经从一系列连续的四百多个梦和幻象中，把那些我视为曼荼罗之梦的东西聚集在一起。之所以选择“曼荼罗”（mandala）这个术语，是因为这个词表示在喇嘛教（Lamaism）中，以及在密宗瑜伽（Tantric yoga）中作为一个工具或有助于冥思的东西而使用的一个祭祀圈或魔圈（图39）。[1]在仪式中使用的东方曼荼罗是通过传统而确定下来的一些人物；它们可能存在于绘图、油画或者某些特殊的仪式之

1 印度教和佛教坐禅时使用的线型图案。——中译注

图39　印度冥想图(Shri-Yantra)。引自Zimmer, *Myths and Symbols*, 538, fig.36。

中,甚至会表现出可塑性。[1]

123 1938年,在大吉岭附近的布提亚·布斯提(Bhutia Busty)寺院中,我有幸和一个名叫林达姆·戈梅琴(Lingdam Gomchen)的喇嘛教仁波切谈论了有关轮(khilkor)或曼荼罗的事情。他把它解释为“dmigs-pa”(发音是“migpa”),这是只有受过完整教育的喇嘛通过想象的力量才能建构起来的一种心理意象。他说,没有一种曼荼罗与任何其他曼荼罗相同,

1　Cf. Wilhelm and Jung, 530a; Zimmer, 538.

它们全都是有个体差异的。他还说，在寺院和庙宇中发现的曼荼罗并没有任何特殊的意义，因为它们只是外部的表征。真正的曼荼罗必然是一种内部意象，是通过（积极）想象而逐步形成的，在这种时候，心理平衡受到干扰，或者某种必须寻求的想法不可能被发现，因为它并没有包含在神圣的教义中。这种解释的适当性在我后面的阐述中将变得显而易见。但是，所谓可以自由地、个体地形成曼荼罗，对这种说法应相当审慎地予以对待，因为在所有喇嘛教的曼荼罗中，占支配地位的不仅有某种明确无误的风格，而且有一种传统的结构。例如，它们全都是以四元系统（quaternary system），即一个方形环（a quadratura circuli），为基础的。其内容全都源自喇嘛教的教义。有一些文本，例如《胜乐金刚本续》（Shri-Chakra-Sambhara-Tantra）[1]，包含着建构这些"心理意象"的指导语。把喇嘛教的轮，与所谓轮回之轮（sidpe-korlo）或称世界之轮（图40）严格区分开来是很有必要的，前者代表以各种形式表现出来的、被佛教徒们想象出来的人类存在过程。与喇嘛教的轮相反，世界之轮是以三元系统（ternary system）为基础的，在三元系统的核心可以发现三条世界原则：公鸡，等同于强烈的邪欲；蛇，表示仇恨和嫉妒；以及猪，代表"avidya"（缺乏智慧或盲目无知）。在这里我们遇到了三和四这个在佛教中也曾出现过的两难问题。我们将在

1 Avalon，327，VII.

图40　藏传佛教的轮回之轮

后面更多的梦系列过程中再次遇到这个问题。

124 在我看来，这些东方的象征起源于梦和幻象，而不是由某些大乘佛教的高僧所发明的。相反，它们是关于人性的最古老的宗教象征，甚至可能在旧石器时代就已经存在了（参见罗德西亚岩画）。另外，它们分布在世界各地，这一点自无须我多言。在这一章里我只想根据手头的材料来说明，曼荼罗是怎样存在的。

125 在仪式中使用的曼荼罗具有重要的意义，因为它们中间通常包含着一个地位最高的宗教人物：要么是湿婆神（Shiva）本人——常常处于沙克蒂（Shakti）的拥抱之中——或者佛、阿弥陀佛、观世音菩萨，要么是一个伟大的大乘和尚（Mahayana），或者就是金刚（dorje），它是所有神圣力量聚集在一起的象征，无论其本质是创造性的还是破坏性的（图43）。《太乙金华宗旨》这本书是道家把诸家学说融合的产物，它在哲人石和长生不老药（elixir vitae）之外还特别论证了其核心的某些“炼丹术的”性质，因此它实际上是一本研究永生的医书（φάϱμαχον ἀθανασίαζ）。[1]

126 我们欣赏曼荼罗身上的崇高价值，这并非毫不重要，因为它与个体曼荼罗象征的最高意义非常吻合，这些象征的特点是具有和某种（可以说是）“形而上学的”性质相同的性

1 Cf. Reitzenstein，484.

图41 “大日历石”(Great Calendar Stone)，墨西哥国家博物馆；引自Spence,506,p.38。

图42　包含着携带十字架的婴儿耶稣的曼荼罗。哈克贝加(Harkeberga)教堂中由阿尔贝图斯·皮克托(Albertus Pictor)绘制的壁画,瑞典(1480年);引自Cornell,356,p.53。

图43　喇嘛教的金刚曼荼罗(Vajramandala)。引自Jung,“Concerning Mandala Symbolism”,423,fig.1;或参见《太乙金华宗旨》,530a,卷首插画。

图44　墨西哥的日历。引自 Herrliberger, *Heilige Ceremonien*, 182, Plate XC, No.1, 版画。

质。[1]除非所有的一切都在欺骗我们，否则它们的意思表示的无非就是与自我不相认同的人格的心理中心。在过去的三十年里，以凭我个人经验提取的广泛材料为基础，我已经仔细地观察过这些过程和意象。在最近的十四年里，我既没有写过与此有关的文章，也没有做过这方面的讲座，以免我对我的观察产生偏见。但是，1929年，当卫礼贤把《太乙金华宗旨》这本书放在我面前时，我决定至少先发表我的观测结果中的一些体验。在这些事情上一个人不能太小心翼翼，因为怀着模仿的冲动和非常病态的贪欲，使自己占有这些奇异的羽毛，用这些奇异的羽毛为自己梳妆打扮，有太多的人就这样误入歧途，想要获取这些“有魔力的”观念，就像使用药膏那样把它们涂抹在外部。为了避免面对他们自己的灵魂，人们总要做点事情，无论这件事有多么荒谬。他们练习印度瑜伽以及所有的健身活动、观察某种严格的饮食养生、用心学习神智学（theosophy），或者机械地重复全世界文献中的那些神秘文本——这全都是因为他们无法与自己很好地相处，也没有一点信仰，以致没有任何有用的东西能够从**他们的**灵魂中诞生。这样一来，灵魂就逐渐变成了一个拿撒勒[2]，在那里什么好东西也生产不出来。

1　引号表示，我并没有用“形而上学”这个术语“主张”任何事情：我只是在心理学意义上形象地使用这个词，来描述梦所发出的独特话语。

2　位于以色列北部的一个城镇，在《新约全书》中作为耶稣童年时代的生长地而被提及。——中译注因此我们不妨把它从地球的四角里取出来——越牵强、越离奇古怪，就越好！我并不想干扰这些人进行其亲昵的追求，但是，当有人期望受到严肃的对待，并被迷惑到认为我会使用瑜伽方法和瑜伽教义，或者，只要有可能，我就会让我的病人绘画曼荼罗图形，目的是把他们引向"正途"时，我必须抗议和谴责这些人，他们读过我的作品，却最可怕地忽略了我的观点。所有邪恶的想法都来自人心，人类的灵魂是一个邪恶的污水池，并深深地埋藏在他们的骨髓之中。假如真是这样的话，上帝就做了一件令人遗憾的创造性工作，现在该是我们到诺斯替派的马吉安(Marcion)那里去罢免这个无能的造物主的时候了。当然，从道德上讲这非常便利，让上帝成为唯一的一个责任者，去为这个给白痴孩子们建造的家(正如他们把这个世界想象成的那样)负责，在这个家里，谁也无法把勺子送到自己的嘴里。但是，一个人亲身经历他所遭受的痛苦是有价值的，在他自己的灵魂中有某种东西能够成长起来。[1]耐心地观看在灵魂中静悄悄发生的事情是很有益的，当事情不受外部或上层控制的时候，发生的事情最多而且最好。我乐意承认，我对在人类灵魂中发生的事情如此尊敬，以致我担心由于笨拙的干预而干扰和扭曲了这种静悄悄的自然运作。这就是为什么我甚至控制住

1 正如埃克哈特大师所说，"它并不在外部，而是在内部：完全在内部"。参见Evans，376，I，p.8。

我自己不去观察这种独特案例，而是把这项任务委托给一个初学者，他还没有受到我的知识的妨碍——任何事情都没有使这个过程不受干扰重要。现在我在你们面前呈现的这些结果，就是一个有明确理智的人所做的不掺杂任何其他成分的、认真负责的、确切的自我观察，没有人从外部给他提出任何建议，在任何情况下他也不会得到任何提示。任何一个熟悉心灵材料的人，都将毫不费力地识别出这些结果的本真性。

图45　作为死神的赫尔墨斯，一个罗马戒指上的宝石。引自King, *The Gnostics and Their Remains*, 439, fig.14。

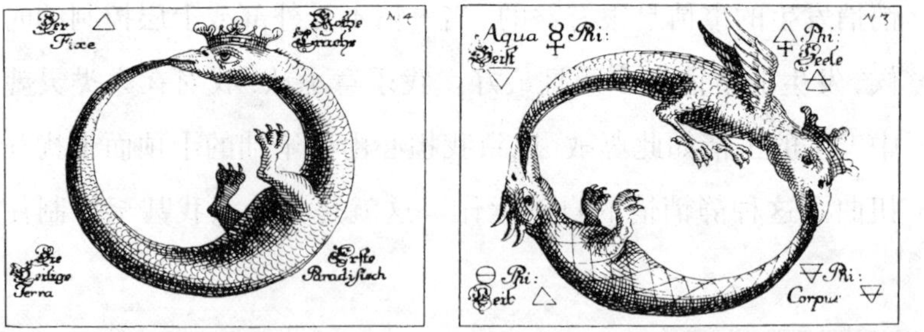

图46、图47　头戴王冠的龙是咬尾蛇；两条龙形成一个圆圈，在四个角落里，是四种元素的标志。引自Eleazar, *Uraltes chymisches Werk*, 153, pp.4, 3。

二、梦中的曼荼罗

127 为了完整起见，我扼要概述一下已经讨论过的在原初的梦和幻象中出现的曼荼罗象征：

1. 围绕梦者盘成一个圆圈的蛇（第五个幻象）。

2. 蓝色的花（第十七个梦）。

3. 手上拿着金币的男子，以及供各种表演用的封闭空间（第十八个梦）。

4. 红色的球（第十九个幻象）。

5. 球（第二十个幻象）。[1]

128 在新的梦系列中的第一个梦里出现的另一个曼荼罗象征：

6. 梦境：

一个陌生的女人正在追赶梦者。他在一个圆圈里一直转着圈地跑。

129 在第一个曼荼罗梦中的蛇是预见性的，就像一个人在把无

1 在第127自然段中列举出来的这五个曼荼罗梦和幻象必然会出现在这个新的梦系列中（尽管实际上是第一个梦系列的一部分），作者给这个新的（曼荼罗）梦系列加上了一系列数字编号。——编注

意识的某一方面拟人化时，或者当他体验到主体自身在未来才会体验到的事情时所经常发生的那样。蛇是对环形动作的预见，主体要被包含在内；就是说，在无意识中发生了某件被视为环形动作的事情。这件事情的发生如此强烈地进入意识之中，以致主体都被它吸引住了。那个代表无意识的陌生的女人或阿尼玛继续不断地骚扰梦者，直到他开始在圆圈里转着圈地跑起来。这显然表明，它是一个与自我不同但自我又围绕它旋转的潜在中心。

7. 梦境：

130 阿尼玛责备梦者几乎不注意她。有一个钟表，指针显示还有五分钟就到整点了。

131 与前一个梦完全一样：无意识就像一个苛求的女人那样纠缠着他。这种情况也适用于对钟表的解释，因为钟表的指针是围绕一个圆圈转动的。还有五分钟就到整点，意味着一个靠钟表生活的人的紧张状态：五分钟一到，他就必然要做点什么事情。他甚至可能会感到时间紧迫（参见图13，环形动作的象征必然与某种紧张感受相联系，我们在后文中将会看到）。

8. 梦境：

132 在船上。梦者忙着用一种新方法来辨别方位。有时他离得太远了，有时又离得太近了：正确的地点是在中间。有一张海图，图上画着一个带有核心的圆圈。

133 显然，这里提出的任务是找到中心，即那个正确的地点，而且那就是一个圆圈的中心。当梦者用笔记录下这个梦时，他记起不久前他曾梦见在射击一个靶子（图48）：有时他射得太高，有时则射得太低。正确的目标就在靶心。这两个梦对他意义重大，使他深受触动。靶子是一个有中心的圆。海上的方位由

图48 腐化（putrefactio），若没有腐化，炼金工作的“目标”就不可能达到（因此这是一种有目的的制动）。引自 Stolcius de Stolcenberg, *Viridarium chymicum*, 307, fig.VIII。

星辰围绕地球的明显转动而确定。因此，梦描画了一种活动，其目的是建构或确定一个客观的中心，即一个位于主体之外的中心。

9. 梦境：

134 钟摆在永不停息地走动着，不会因其重量而掉落下来。

135 这是一个其指针永不停息地走动的时钟，而且，由于它显然不会因摩擦而失去重量，所以它是一台永动机（perpetuum mobile），一种永无止境的环形运动。在这里我们遇到的是一种"形而上学的"（metaphysical）属性。正如我已经说过的，我是在心理学意义上使用这个术语的，因而是一种比喻。我这样说的意思是，永恒是由无意识断定的一种属性，而不是原质（hypostasis）。梦中的说明将显然有悖于梦者的科学判断，但这是赋予曼荼罗独特意义的东西。非常有意义的东西之所以经常会受到拒绝，是因为它们似乎与理性相矛盾，也因此被布置了非常艰巨的考验。这种没有摩擦的运动表明，这个时钟是宇宙的，甚至是超验的；它至少向我们提出了这个关于性质的问题，这个问题使我们开始怀疑，在曼荼罗中表现出来的心理现象是否受时空法则的支配。而这指的是一种与经验主义的自我完全不同的东西，在两者之间的鸿沟上是难以搭建桥梁的；也就是说，人格的另一个中心位于与自我不同的水平面上，它们的区别在于这个中心具有“永恒”的性质或相对没有时间限制。

10. 梦境：

136 梦者在苏黎世的彼得霍夫斯塔特（Peterhofstatt），和那个留着山羊胡子的男人以及一位医生在一起，还有那个“洋娃娃式的女人”。后者是一个陌生的女人，她不说话，也没有人和她说话。问题：这个女人属于三者当中的哪一个？

137 苏黎世圣彼得教堂的塔上有一个钟，钟面大得惊人。彼得霍夫斯塔特是一个封闭的空间，从这个词最真实的意义上说，它是一个神圣围地，是教堂的管辖区。他们四个都发现自己处在这个封闭的空间里。钟表的圆度盘被划分成四等分，就像地平线一样。在这个梦中，梦者代表他自己的自我，那个留着山羊胡子的男人代表“被雇用的”理智（靡菲斯特），而那个“洋娃娃似的女人”则代表阿尼玛。由于洋娃娃是一个孩子玩的东西，所以它是阿尼玛的非自我本性的一个卓越意象，进而可以把它描述为一个“没有人和它说话”的东西。（在上述第六和第七个梦境中表现出来的）这个被动的因素表明，在意识心灵和无意识之间有一种不恰当的关系，就像那个问陌生的女人属于哪一类人的问题一样。那个“医生”也属于非自我；他很可能是悄悄地暗指我，尽管在那时我还没有和梦者联系。[1]另一方面，那个留着山羊胡子的男人却属于自我。这个完整的情境使人回想起在关于意识功能的图中描述的那些关系（图49）。如果我们认为这些心理功能[2]都被安排在一个圆圈内，那么最有差别的功能通常就是自我的承载者，而且，同样经常会有一个与之相联系的辅助功能。另一方面，"劣势"功能是无意识的，并由于这个原因而被投射到一个非自我之中。它也有一个辅助功能。因此，梦中的这四个人代表的是作为完整人格之构成要素的四种功能（即，如果我们把无意识也包括在内的话）。但是，这种完整性是自我加上非自我。因此，表达这种完整性的那个圆的中心就不会与自我相对应，而是与作为完整人格之象征的自性相对应。（圆的中心是对上帝本性的一种非常著名的类比。）在《奥义书》（*Upanishads*）的哲学中，自性一方面是**个人的**（personal）灵魂，但同时作为**超个人的**（suprapersonal）灵魂，它又具有宇宙的和形而上学的性质。[3]

138 我们在诺斯替教中也遇到了类似的观念。我会提到在《布鲁西抄本》（*Cordex Brucianus*）中关于原人（Anthropos）、佩雷诺玛（Pleroma）、单子（Monad）、闪光（Spinther）的观念：

---

1 由于这个梦充其量只是在暗指我，而且并没有提到我的名字，因此无意识显然并没有想要强调我的个人作用。

2 Cf. Jung, 425.

3 Deussen, 362, I.

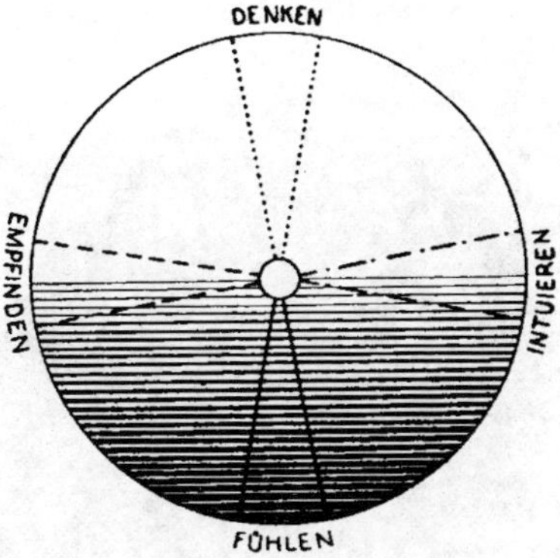

图49　这个图表示意识的四种功能。思维，在本案例中是优势功能，它占据着这个圆圈光明的一半的中心，而作为劣势功能的情感则占据着黑暗的一半。两种辅助功能则部分地在光明中，部分地在黑暗中。这是作者画的图，引自Jacobi，*The Psychology of Jung*，418a，fig.IV。

这同样适用于居住在单子之中的“Monogenes”，而单子在塞西乌斯（Setheus）之中，那是一个谁也说不出到底在哪里的地方……单子就是从那里产生的，其形状像是一艘船，里面装满了各种美好的东西，它也表现为田野的形状，上面种满了各种各样的树木，它还表现为城市的形状，里面有各色人种的人……这就是单子的样式，所有这些存在都位于其中：用十二个单子做成一顶皇冠戴在它的头上。围绕着它的面纱表现出防御工事（πύϱγοζ，意为塔）的样子，周围有十二道门……这种情况也同样适用于生了个独生子（μονογενήζ）的母亲城（μητϱόπολιζ，图51）。[1]

1　Baynes，331，p.89.

图50　有害的精灵正在攻击坚不可摧的城堡。引自 Fludd, *Summum bonum*, 164。

图51　哲人石的圣殿，也是一个迷宫，被行星轨道环绕着。引自Van Vreeswyk, *De Groene Leeuw*, 319, p.123。

139　作为解释，我要补充一句，“塞西乌斯”是上帝的一个名字，意思是“造物主”。“Monogenes”是上帝唯一的儿子。把单子与田野和城市相比，就很符合神圣围地这个观念（图50）。而且，单子也头戴王冠［参见第一个梦系列的第一个梦中出现的那顶帽子（第52自然段）和这个梦系列的第三十五个梦境（第254自然段）］。作为“中心地”的单子是女性，就像“莲花”（padma）一样，是喇嘛教的曼荼罗的基本形式（中国的太乙金华和西方的玫瑰或金花）。上帝之子，即上帝的表现形式，就居住在这朵花之中。[1]在《启示录》中我们发现，那只羔羊就位于天堂耶路撒冷的中心。而在科普特文献中我们被告知，塞西乌斯就居住在佩雷诺玛（即灵性世界）的最幽深和最神圣的隐秘之处，一个有四道门的城市（等同于位于世界中心的须弥山上的印度梵天之城）。在每一道门里都有一个单子。[2]由天然基因（即"Monogenes"）进化而来的人的四肢相当于城市的四道门。单子是一道闪光，也是父亲的一种意象，等同于上帝唯一的儿子。有一段祷文是这样说的："你是房子，也是房中的居住者。"[3]上帝唯一的儿子站在一个"tetrapeza"[4]上，即一个有四根柱子的桌子或平台，这四根柱子则对应于四个福音传教士的四元数（quaternion）。[5]

140 哲人石的观念与所有这一切都相关联。赫尔墨斯中的哲人石说道："因此，在这个世界上所发生的事物中，再也没有

---

1 佛陀、湿婆等位于莲花之中（图52）；耶稣基督在玫瑰之中，在圣母玛利亚的子宫里（关于这个主题的大量材料参见Salzer，494）；钻石体的播种之地在金花之中。参见第十六个梦境中关于广场的绕圈仪式，第164自然段。

2 Baynes，331，p.58. 参见Vajramandala（fig.43），在那里可以发现伟大的金刚位于中间，周围有十二个较小的金刚，就像是一个单子和"作为一顶皇冠戴在他头上的十二个单子"。另外，在四个大门的每一个门上都有一个金刚。

3 Ibid.，p.94.

4 Ibid.，p.70.

5 参见Irenaeus，196，III，xi以及Clement of Alexanderia，140，V，vi。与四联像（tetramorph，象征基督教《圣经》四福音书作者马太、马可、路加、约翰这四个人），教会的骏马（steed of the church）相似（图53）。

任何事情能比我自己和我的儿子的结合更好和更值得敬仰的了。"[1]上帝唯一的儿子也被称为"暗光"(dark light)。[2]《哲学玫瑰园》引用了赫尔墨斯的一句话:"我(哲人石)产生了光明,但黑暗也是我的性质。"[3]同样的,炼金术也具有"sol niger",即黑色太阳的观念(图34)。[4]

图52 哈波奎特斯(Harpocrates)[5]坐在莲花上,诺斯替教的宝石。引自King, *The Gnostics and Their Remains*, 439, fig.6。

1 *Rosarium*, 2, xii, p.240. 赫尔墨斯的引文源自《论黄金》的第四章(180)。

2 331, p.87.

3 2, xii, p.239. 被《哲学玫瑰园》的匿名作者引用的赫尔墨斯的这几段话包含着一些有意的变动,这些变动的意义远大于纯粹错误的阅读。它们是本真的重新制作,通过赫尔墨斯之口,其赋予这本书的改写以更高的权威。我曾经比较了《论黄金》这本书1566年、1610年和1702年的三个印刷版本,发现它们全都一致。《哲学玫瑰园》中的引文在《论黄金》中是如下表述的:"维纳斯说:我产生了光明,黑暗却不是我的性质……因此,没有任何东西能比我自己和我的兄弟的结合更好和更值得敬仰的了。"

4 Cf. Mylius, 239, p.19.

5 埃及神话中的复仇之神荷鲁斯(Horus)在孩提时代的名字。——中译注

图53　四联像，教会的骏马；在“快乐花园”(Hortus deliciarum)中耶稣被钉死在十字架上，详见181。引自 Keller and Straub，437，Plate XXXVIII。

141 以下引自《论黄金》的这段话提供了对上帝的唯一儿子的一种有趣类比，这个上帝之子居住在母亲城内，与那个戴着皇冠和面纱的单子相同：

> 国王即位了，如其兄弟们亲眼所见，（并且）说："我戴上了王冠并且穿上了皇袍，我发自内心地高兴；因为，在被母亲抱在怀里喂奶并且吸收她的物质的时候，我就使我的物质聚集在一起休养生息；我用可见的东西构成了不可见的东西，使神秘学出现，哲学家们隐藏的一切将从我们这里产生出来。然后倾听这些话语，并且理解它们；保留它们，并且对它们进行沉思，不再寻求其他更多的东西。人是由自然原则产生出来的，其生命是肉体形式的，而不是其他的物质。"（第四章）

142 "国王"指的就是哲人石。哲人石是"主人"，这一点在下面这段引自《哲学玫瑰园》的话中显而易见："因此，哲学家并不是石头的主人，而是他的臣民。"[1]同样，以头戴皇冠的雌雄同体形式最后生产出来的哲人石，就被称为神秘的国王（aenigma regis）。[2]一段德文诗节对神秘做了如下说明：

---

1 2, xii, p.356.

2 Ibid., p.159.

现在诞生的是有至高荣耀的皇帝
再也不能生出比他地位更高的人了，
用艺术做不到，用自然的力量也做不到
任何活的生物的子宫里是生不出来的。
哲学家们把他说成是他们的儿子
他们所做的一切都是由他来做出的（图54）。[1]

143 最后两行诗可以很容易地看出，指的就是上述赫尔墨斯的引文。

144 看起来这种观点曾启发了炼金术士，根据经典的（和基督教的）传统，这个永远居住在圣父之中，并且作为送给人类的礼物而表现出来的圣子，是人类可以从自己的本质中生产出来的东西，当然，这需要上帝的帮助。这种观点属于异端邪说，这是显而易见的。

145 劣势功能的女性性质源自无意识的污染。由于其女性特点，无意识便化身为阿尼玛（即，在男人心中的女性特征；而在女性心中它是男性化的）。[2]

146 如果我们设想，这个梦及其所代表的事物确实意味着某种能够恰当地唤起梦者心中某种意义感的东西；如果我们进一

1 2, xii, p.159.
2 Cf. Jung, 427.

图54　一手三条蛇和一手一条蛇的雌雄同体者，下方是长着三个头的墨丘利乌斯龙。引自 *Rosarium*，2，xii，p.359。

步设想，这种意义或多或少地与我们在评论中提出的看法保持一致，那么我们就达到了一种高度的内省和直觉，其大胆堪称尽善尽美。但是，对毫无准备的意识来说，即便是那个永不停息的钟摆，也是一口难以消化的食物，而且可能会使任何过于崇高的思想受到削弱。

11. 梦境：

147 梦者、那个医生、一个飞行员和那个陌生的女人一起乘飞机旅行。一个槌球突然把镜子打碎了，这是一种不可或缺的导航仪器，飞机坠毁在地面。这里再次提出同一个疑问：那个陌生的女人是谁？

148 他们三人都是陌生人的事实可以说明，医生、飞行员和那个陌生的女人都具有非自我的特点。因此，梦者成为唯一保留这种分化功能的人，而这种分化功能承载着自我；也就是说，无意识获得了很高的地位。槌球是一种在平地上用槌击球并使其穿过小拱门的游戏。第一个梦系列的第八个幻象（第69自然段）说，人们不应该超越那道彩虹（飞跃过去？），而是必须从它下面走过。那些从它上面走过去的人就会跌落到地上。看起来这种飞行似乎有点太高了。槌球是在地上玩的，而不是在空中玩的。我们不应该借助“宗教精神的”直觉而上升到地球之上，脱离坚固的现实，就像经常发生在那些有着非凡直觉的人身上的那样。我们绝不可能到达我们直觉的水平，因此不应该使我们自己与直觉相一致。只有神祇才能从彩虹桥上走过去；终有一死的人类必须立足于大地并且服从其法则（参见图16）。根据直觉所揭示的可能性，人的世俗性当然是一种可悲的瑕疵；但这种瑕疵是其先天存在的一部分，是其现实的一部分。他不仅拥有最好的直觉、最高的理想和志向，而且还拥有一些令人厌恶的状况，例如，遗传和一些不可磨灭的记忆，它们在他背后喊叫着："这就是你做的，这就是你的本来面目！"人可能已经失去了其蜥蜴尾巴，但是取而代之的是，他有了一个紧紧拴住其精神的链条，把他和大地连在一起——一个类似荷马式链条[1]的东西，对这些状况我们如此看重，以致我们最好是保持着它们，甚至不惜冒着既不会成为英雄也不会成为圣人的危险。（历史给我们提供了一些正当理由，不要把任何绝对价值与这些集体规范联系在一起。）我们和大地连在一起的意思并不是说，我们不能成长；相反，它是成长的必要条件。任何高贵而又成长良好的树木都不会断绝与其黑暗根源的联系，因为它不仅会向上生长，而且也会向下生长。我们打算向哪里去，这个问题当然极端重要；但在我看来，同样重要的似乎是，**谁**打算向**哪里**去这个问题。这个"谁"总是隐含着"哪里"的含义。要想永久地占据这些高度，是要付出某种巨大努力的，但任何人都能超越其自身。困难在于命中死亡中心（参见第八个梦境，第132自然段）。为此，对人格的两面性，对其各自的目的和起源有所觉察，是很有必要的。这两个方面绝不可能通过傲慢自大或懦弱胆怯而被分离开来。

---

1 炼金术中的荷马式链条指代的是一系列伟大的智者，首先就包括赫尔墨斯，他连接了大地与天堂。同时，它也指代在炼金过程中出现的物质和不同化学状态的连锁。参见*Aurea catena Homeri*，13a。

149 “镜子”是不可或缺的“导航仪器”，这毫无疑问指的是理智，理智能进行思考，并且不断地说服我们与其知觉（反思）相一致。镜子是叔本华（Schopenhauer）最喜欢使用的对理智的一种明喻。“导航仪器”这个术语是对它的一种适当的表达，因为它确实是人迹罕至的大海上的一种不可或缺的导航仪器。但是，当大地在他的脚下逐渐远去，他开始怅惘地思索时，受到翱翔飞升的直觉引诱，情况就变得危险了（图55）。

150 在这里，梦者和三个梦中人物再次组成了一个四位一体。那个陌生的女人或阿尼玛必然代表劣势功能，即不分化的功能，在我们的这位梦者的情况下，这种功能就是情感。槌球与“圆形”这个主题相联系，因此是整体性的象征，也就是说，是自性的象征，这里还表明它和理智（镜子）是对立的。显而易见，梦者受理智的“导航”太多了，从而扰乱了自性化过程。在《长命百岁》这本书中，帕拉赛尔苏斯把“四”描述为“Scaiolae”[1]，却把自性描述为“Adech”（源自亚当，意为第一个男人）。正如帕拉赛尔苏斯所强调的，这两者对炼金术“工作”制造了那么多的麻烦，以致人们几乎可以说“Adech”是个敌人。[2]

---

1 指心灵的四种精神力量。——中译注

2 Jung，424，pars.257ff.（424a，p.163.）

图55　浮士德在魔镜前。伦勃朗（Rembrandt）的蚀刻版画（1652年）。

12. 梦境：

151 梦者发现自己和父亲、母亲以及姐姐都在电车月台上，并处于一种非常危险的情境中。

152 梦者与其他的梦中人物再次构成了一个四位一体。他回到了童年时代，那是一个我们距离整体性还有很长的路要走的时代。整体性是以家庭作为代表的，而且其成分仍然要被投射到家庭成员身上并且通过他们表现出来。但是，对成人来说，这种状态因为退行而显得很危险：它表示一种人格分裂，古人把这种分裂体验为危险的"灵魂丧失"。在分裂状态下，已经和这些痛苦整合在一起的个人成分再次被卷入外部世界里。个体失去了其内疚感，用婴儿的天真和它进行了交换；他可以再次为这件事而责备邪恶的父亲，为那件事而责备没有爱心的母亲，他一直纠结在这种不可逃避的因果关系中，就像一只苍蝇飞到蜘蛛网上，却没有注意到，他已经失去了其道德自由。[1]但是，无论父母或祖父母对孩子做了多少恶事，真正长大成人后也要把这些罪恶作为他自己必须考虑的现状而接受下来。只有傻瓜才对

1 埃克哈特大师说："'我来到地球上并非要带来和平，而是带来一把剑；把所有的一切都切开，把你和你的兄弟、孩子、母亲、朋友全都分离开来，他们确实都是你的敌人。'因为你们贪图享受，这确实就是你们的敌人。你的眼睛看见了一切，你的耳朵听见了一切，你的心把它们全都记住了，那么你的灵魂就会毁灭在这些事物中。"参见Evans，376，I，pp.12—13。

别人的罪恶感兴趣，因为他不可能从中学到任何东西。智者只会从他自己的罪过中学习。他将扪心自问：这一切竟然发生在我身上，那么我究竟是谁呢？为了找到解答这个命运问题的答案，他就要深入探究他自己的内心世界。

153 和在前面那个梦中交通工具是一架飞机一样，在这个梦中它是一辆电车。这类交通工具在梦中表示某种运动或梦者及时向前移动的方式，换句话说，他是怎样过其心理生活的，是个体的方式还是集体的方式，是凭借自己的力量还是借助于他人的力量，是自发的还是机械的。在那架飞机上，他是靠一个不认识的飞行员来驾驶飞行的；也就是说，他是凭借发自无意识的直觉而生存的。（错误之处在于，"镜子"使用得太多了，根本绕不过去。）但是在这个梦中，他是在一个集体使用的交通工具中，一辆电车里，任何人都可以乘坐，也就是说，他的动作和行为就像大家一样。同样，他还是四个人中的一个，这意味着，由于他的无意识正在追求整体性，所以他同时处在这两种交通工具之中。

13. 梦境：

154 在海里有一个宝藏。为了得到它，他就不得不潜水通过一个狭窄的通道。这很危险，但在海底下他将发现一个同伴。梦者尝试冒险潜入黑暗之中，在深处发现了一个美丽的花园，花园是对称分布的，中间有一个喷泉。（图56）

图56　年轻人的喷泉。引自Codex de Sphaera, miniature, 20, xx；也参见Carbonelli, 349, fig.IX。

155 “难以得到的宝藏”隐藏在无意识的海洋里，只有勇敢的人才能到达那里。我猜想，这个宝藏也就是那个“同伴”，一个终生陪伴在我们身边的人——很有可能是对孤独自我的一种类比，这个孤独的自我在自性中发现了一个同伴，因为自性首先是一个陌生的非自我。这是一个关于旅行同伴的魔幻主题，我要给其提供三个著名的例子：在去往以马忤斯（Emmaus）路上的信徒们；《薄伽梵歌》（*Bhagavade Gita*）中的克利须那（Krishna）和阿诸那（Arjuna）；《古兰经》第十八章里的摩西（Moses）和海德尔（Khidr）。[1]我进而猜想，大海中的宝藏、同伴和有喷泉的花园，全都是同一样东西：自性。因为花园是另一个神圣围地，而喷泉则是《约翰福音》7：38中提到的“活水”之源，《古兰经》里的摩西也寻找并发现了它，在喷泉旁边的是海德尔[2]，“他是我们的仆人之一，我们把他覆盖在我们的恩典和智慧之中”（第十八章）。这个传说认为，在海德尔周围的地上盛开着春天的花，尽管这里是沙漠。在伊斯兰教中，建造带有喷泉的神圣围地计划，在早期基督教建筑学的影响下，发展成为清真寺庭院，庭院中央有举行仪式的洗涤室（例如，开罗的艾哈迈德·伊本·图伦清真寺）。在西方修道院的回廊里我们也看到过完全相同的东西，花园里的喷泉。这也是“哲学

1 Cf. Jung，431，pars.213ff.（431，pp.73ff.）

2 Vollers，520，p.235.

家的玫瑰园”，对此我们是从炼金术的论著以及许多漂亮的版画中了解到的。“居住在房子里的人”（参见对第十个梦境的评论，第139自然段）就是那个“同伴”。在这里由喷泉和花园所代表的中心和圆圈，是对哲人石的类比，在所有的存在物当中它才是活的存在物（参见图25、图26）。赫尔墨斯中的哲人石说道：“保护我吧，我也要保护你。把我应有的权利给我，我就可以帮助你。”[1]在这里哲人石不是别的什么，而是一个好朋友和助人者，他帮助那些帮助他的人，而且这指的是一种补偿关系。（这使我想起了在第十个梦境的评论中说过的话，第138自然段及之后数段，尤其是把上帝的唯一儿子与哲人石和自性相提并论。）

156 因此，在地上坠毁指的是进入大海深处，进入无意识之中，梦者到达了神圣围地这个庇护所，以防止他由于退行到童年时代而引起人格分裂。这种情况很像是第一个梦系列中的第四个梦和第五个幻象（第58自然段和第62自然段），其中的“魔圈”是为了抵御无意识及其多种女性形式的诱惑。（在波利菲尔的《尼克亚》开篇处，这些诱惑的危险也以完全同样的方式发生过。）

157 和海德尔一样，生命之源是一个好伙伴，虽然这并非没有

1 2, xii, p.239. 这是引自《论黄金》(180)的一段话，但是，在1566年的版本(I, i)中是这样说的：“你想要无偿地把我的东西给我，我就可以帮助你。”

危险，根据《古兰经》的观点，老年的摩西是付出了代价才发现此事的。它是永远不断地更新自己生命力的象征（图57；也请参见图25—28和图84），也是永不停歇的钟摆的象征。关于我们的上帝的一种不规范的说法是这样的："谁要是靠近了我，就是靠近了火。"[1]正是因为这个深奥的耶稣基督是火之源（图58）——很可能并非与赫拉克利特（Heraclitus）的永恒之火（πῦρ ἀεὶ ζῶον）无关——所以研究炼金术的哲学家们才把他们的那种"我们的水"看作"火"（ignis）。[2]这个根源的意思不仅是指生命的流动，而且是指其温暖，甚至是指其热度、激情的秘密，其同义词必然是火热的。[3]把"我们的水"完全溶解是哲人石生产过程中的一个必要因素。但是这个根源在地下，因此这条路通往地下：只有在地下我们才能发现火热的生命之源。这些深奥的东西构成了人类的自然史，人与本能世界的必然联系（参见图16）。除非这种联系被重新发现，否则哲人石和自性都是不可能存在的。

1 引用自亚里士多德的一段话："为你的石头做出选择吧，通过它，头戴王冠的国王就会受到尊崇……因为那块（石头）靠近火。"（*Rosarium*，2，xii，p.317）

2 参见科马里奥斯（Komarios）的论著，在他的书里克莱奥帕特拉（Cleopatra）解释了水的意义（Berthelot，335，IV，xx）。

3 *Rosarium*，2，xii，p.378："我们的这块石头是火，是用火造出来的，并且会变回到火；其灵魂就居住在火中。"这可能是以下面这段话为依据的："同样地，我们的这块石头，装火之瓶，是用火创造出来的，又会变成火。"参见"Allegoriae sapientum"，4，iii，p.468a。

图57　在太阳和月亮的影响下，用神奇的泉水进行的帝王浴。引自“De balneis Puteolanis”（手稿，14世纪），20，xlv；也参见Carbonelli，349，fig.XI。

图58　作为火之源，带着“燃烧的”圣痕的耶稣基督。位于瑞士阿尔高州居尼斯费尔登（Königsfelden）前修道院教堂唱诗班里的一块14世纪的彩色玻璃窗。

14. 梦境：

158 梦者和他的父亲走进一家药店。昂贵的东西在那里也能便宜地买到，尤其是一种专门的水。他的父亲给他讲述了这种水的来源国。此后他乘火车跨过了卢比孔河。

159 一家传统的药店，有大玻璃瓶和药罐，有水，有圣石（lapis divinus）和地狱（infernalis）以及各种灵丹妙药，保留着炼金女巫工坊里那最后可见的痕迹，人们在圣灵的礼物（donum spiritus sancti）——宝贵的礼物——中看到的无非就是制作金子的奇美拉（chimera）。那种“特殊的水”的字面意思是“我们并不俗陋的水”（aqua nostra non vulgi）。[1]这就很容易理解了，为什么是梦者的父亲把他引导到火之源，因为父亲就是梦者生命的自然之源。我们可以说，父亲代表生命起源于此的国土或土壤。但是，打个形象的比喻，他就是那个“鼓舞人心的精灵”，向梦者传授生命的意义，并且根据古老的教义来解释生命的奥秘。他就是传统智慧的传递者。但现如今这位像父

1 “我们的水”也被称为“永恒之水”，与希腊语的ὕδωρ θεῖον相对应：“我们的宝石从永恒之水中生成。”我们在《哲人集》（1572，78c）第14页可以读到这句话。“因为这块石头就是这种同样的永恒之水；而且当它是水的时候，它就不是石头。”（参见《哲人集》，第16页）“水”的这种共性经常得到强调，例如：“我们所寻找的东西被以很低的价格当众卖出，如果认识到它的价值，商人们就不会以这么低的价格卖它了。”（参见《哲人集》，第30页）

亲般的教师只能在其儿子的梦中实现这种功能了，在梦中他是以父亲、“智慧老人”的形象出现的。

160 生命之水是很容易获得的：人人都拥有它，虽然没有人知道它的价值。“被愚者拒绝”（Spernitur a stultis）——它受到愚蠢的人们的鄙视，因为他们认为，所有美好的事物必然位于外部和某个其他地方，位于自己灵魂中的根源其实“啥都不是”。[1]和哲人石一样，它也是“以很低的价格卖出的”（pretio quoque vilis），因此，和斯皮特勒的《普罗米修斯和厄庇米修斯》中的宝石一样，人人都看不上它，上至大主教和大学者，下至普通农民，“受某种方式拒绝”（in viam eiectus），被扔到大街上，亚哈随鲁（Ahasuerus）[2]把它捡起来，放进了自己的口袋。这个宝物已经再次沉入到无意识之中了。

161 但是，梦者已经注意到某些事情，并且怀着跨过卢比孔河的决心。他已经认识到，生活的潮起潮落和生命之火并没有被低估，而且对达到整体性来说是绝对必要的。但是，梦者并没有再次跨过卢比孔河。

15. 梦境：

162 四个人正向一条河走去：梦者，他的父亲，某个确定

---

1 参见《心理学与炼金术》，第11自然段。——编注

2 基督教《圣经》中的波斯国王。——中译注

的朋友，还有那个陌生的女人。

163 既然"朋友"是梦者很熟悉的某一个确定的人，那他就像父亲一样，属于自我的无意识世界。因此发生了一件非常重要的事情：在第十一个梦境中无意识是三比一，但现在情况反过来了，梦者一方是三比一（一就是那个陌生的女人）。无意识已经被削弱了（depotentiated）。其原因就是，通过"冒险一搏"，梦者把阳间和阴间结合起来了，即，他已经决定不只是作为一个没有身体的抽象存在物而活着，而是要接受身体和本能的世界，接受爱和生活提出的问题这个现实，并且采取相应的行动。[1]这就是被跨过的卢比孔河。个体，正在成为自性，这不仅仅是一个精神的问题，它也是一个完整生命的问题。

16. 梦境：

164 许多人都在场。他们都绕着一个广场向左转圈。梦者并不在中间，而是在一边。他们说，一个长臂猿就要在那里重新出现。

---

1 炼金术士们只对这个主题做了模糊的暗示，例如，在《哲学玫瑰园》（*Rosarium*, 2, xii, p.318）中引用了亚里士多德的一句话："儿子啊，你一定是从肥肉中生出来的。"在《论黄金》（180）的第四章，我们读到这样一句话："人是从自然原则中生出来的，自然原则的重要器官就是肉体。"

165 广场在这里是第一次出现。它很可能是在四个人的帮助下于圆圈中诞生的(这将在后面得到证实)。和哲人石、红色酊剂(tinctura rubea),以及哲学的金子一样,圆形变成正方形也成为一个使中世纪的心智大伤脑筋的问题。它是炼金工作(opus alchymicum)的一个象征(图59),因为它把原初混沌的统一体分成四种元素,然后再把它们结合成为一个更高的统一体。统一体是由一个圆形和一个正方形的四种元素为代表的。从四中减去一的产物就是蒸馏和升华过程的结果,该过程采取的是所谓"循环的"形式:馏出物需要经过各种蒸馏过程[1]才能获得,这样"灵魂"或"精神"就会以其最纯净的状态而被抽取出来。这个产物通常被称为"第五要素",尽管这根本就不是人们一直在渴求却从未能发现的那个"一"的唯一名称。正如炼金术士们所说,它有"一千个名称",例如,原初物质。海因里希·昆哈特(Heinrich Khunrath)在其自称为"忏悔录"的著作中就这个循环的蒸馏过程是这样说的:"通过绕圈旋转或者通过对四(Quaternarius)的一种循环式哲学旋转,它就被带回到最高级和最纯净的'天主教最完美的单子一'的简洁性之中……从粗糙而又不纯净的一中产生出一种格外纯净和精细的一",等等。[2]灵魂和精神必定是从身体中分离出来

1 Cf. Jung, 424, fig.8; 424a, par.227, pp.111, 114.

2 207, p.204.

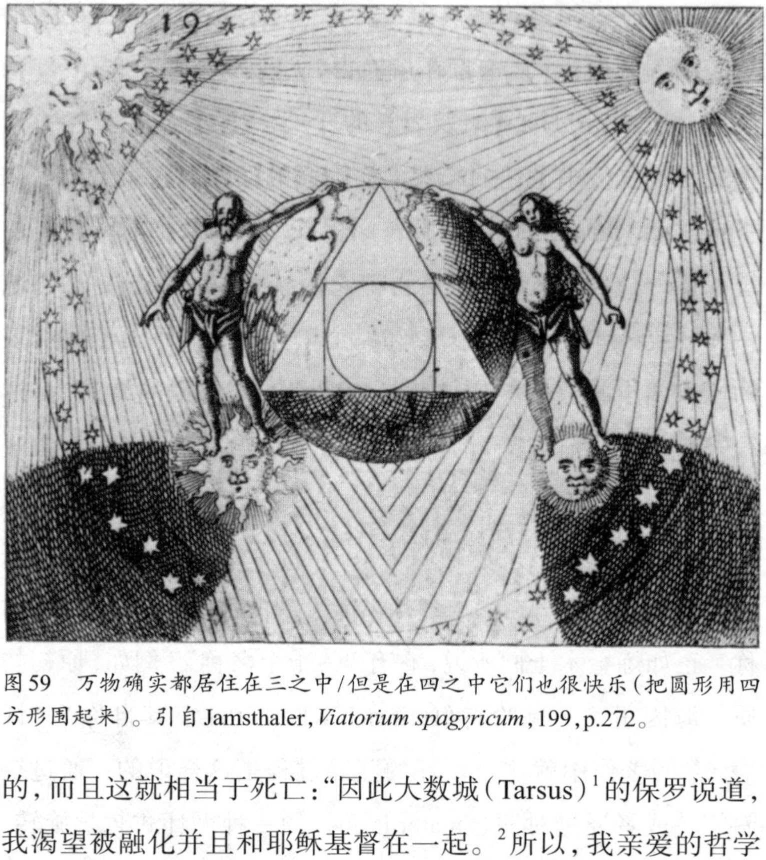

图59　万物确实都居住在三之中/但是在四之中它们也很快乐(把圆形用四方形围起来)。引自Jamsthaler, *Viatorium spagyricum*, 199, p.272。

的,而且这就相当于死亡:"因此大数城(Tarsus)[1]的保罗说道,我渴望被融化并且和耶稣基督在一起。[2]所以,我亲爱的哲学家,你必须抓住麦格尼西亚(Megnesia)的精神和灵魂。"[3]精神

1 《圣经》中提到的距离地中海东岸不远处的一座作为商业、宗教和文化中心的城市。——中译注

2 Phil.(D.V.)1:23:"……有一种被分解和与耶稣基督在一起的欲望。"

3 炼金术士的"magnesia"与氧化镁(MgO)没有关系。在昆哈特那里(207, p.101),它就是"天空的神圣物质",即"原初的哲人石"(materia lapidis philosophorum),那种神秘或转换的物质。

（或精神和灵魂）是三元（ternarius）或数字三，必须首先把它从身体中分离出来，在对后者进行净化之后，再把它注回到身体之中。[1]身体显然就是第四位。所以，昆哈特引用的伪亚里士多德（Pseudo-Aristotle）的一段话[2]，即圆形在四方形设立的三角形中重新出现。[3]这个圆形的人物，连同那条咬尾蛇（即首先吞食自己尾巴的那条龙）就是炼金术的基本曼荼罗。

166 东方的曼荼罗，尤其是喇嘛教的曼荼罗通常包含着一个正方形佛塔的草图（图43）。我们从以稳固的形式建构起来的曼荼罗中可以看出，佛塔的意思是指一个建筑物。在这些建筑物中，四方形的图形提供的是一幢房屋或寺庙的观念，或者是一个在内部用墙围起来的空间的观念。[4]根据礼仪规定，佛塔必须绕着右边走，因为向左移动是邪恶的。左侧，"邪恶的"那一侧，就是无意识那一侧。因此，向左移动就等于是向无意识

---

1 207，p.203.

2 Ibid.，p.207.（署名亚里士多德的一些作品被认为是他人借其名所作，这些作品的作者一般被标注为伪亚里士多德。——中译注）

3 参见Maier，221：第二十一个象征图中有关于这种观点的一个比喻的表征。但是梅耶对这个三元做了不同的解释（参见本书图60）。他说（p.63）："同样地，哲学家们认为，四边形要被还原为一个三角形，也就是，还原为身体、精神和灵魂。这三者是在红色之前以三种颜色出现的：身体，或土，在铅的黑色之中；精神在月的白色之中，就像水一样；灵魂，或气，在太阳的黄色之中。此时这个三角形将是完满的，但是它必须立刻变成一个圆圈，意即，变成不可改变的红色。"在这里第四种就是火，一种永恒的火。

4 参见在对第十个梦进行评论时的"城市"和"城堡"，第137自然段及之后数段（参见图31、图50、图51）。炼金术士们也将源自正方形的圆形理解为"对立物"（oppidum）。参见Aegidius de Vadis，7，x，p.115。

方向移动，而向右移动是“正确的”，其目的地是意识。在东方，这些无意识的内容已逐渐通过长期实践而开始形成一些明确的形式，这些形式必须按照固定套路被接受，并且被意识心灵所保留。瑜伽，就我们所知，作为一种已经确定下来的实践，就是以完全相同的方式运作的：它在意识中留下了固定形式的印象。在西方与其相似的最重要的类似物就是依纳爵·罗耀拉（Ignatius Loyola）的《神操》(*Exercitir spiritualia*)，它给人留下的印象同样是关于精神获得拯救之类的固定概念。只要这种象征仍然是无意识情境的有效表达，这个过程就是“正确的”。只有当无意识过程（它能预见意识的未来改变）发展到某种程度，由其产生的各种各样的意义已不能被传统的象征所表达，或者与传统的象征不相符合之时，此时，且只有此时，一个人才能说，象征已经失去了其“正确性”。这整个过程表示出人的无意识世界观在几百年里发生了逐渐改变，而且与对这种观点的理智批评毫无关联。宗教象征是生活现象，是一些明白的事实，而不是观点。如果教会这么长时间一直坚持这种观点，认为太阳是围绕地球旋转的，直到19世纪才放弃这种观点，那么它就总能诉诸心理事实，因为在数百万人看来，太阳确实是围绕地球旋转的，只是在19世纪大多数人才完全确信理智功能掌握了地球的星体本质的证据。遗憾的是，除非人们理解了它，否则这就不是“事实”。

167 向正方形的左侧绕行很有可能表示，把圆形用正方形围起来是通往无意识的道路上的一个阶段，一个指向某一目标的转折点，这个目标尚未得到系统的阐述。它也是通往非自我之中心的诸多道路之一，这些道路也被中世纪的研究者们在生产哲人石时踩踏过。《哲学玫瑰园》[1]中说道："一个圆形是从男人和女人中制作出来的，四边形也是由此制作出来的，而三角形又从四边形制作而成。制作一个圆形，你就将获得哲人石。"[2]（图59、图60）

168 现代理智当然会把所有这一切视为胡说八道。但是，这种看法并没有排斥下述事实：这一系列互相联系的观念确实存在，它们甚至在很多世纪里发挥了某种重要的作用。这就要靠心理学来理解这些事情了，就让那些外行放肆地胡说八道和狂热地宣扬蒙昧主义吧。许多批评我的人自认为是做出"科学的"行为，就像是主教把那些不恰当增殖（proliferation）的

1 参见*Theatrum chemicum*，7，xxix。这段话据说源自伪亚里士多德，但已无法考据。

2 在《论黄金》（180）第43页的批注中，是这样说的："方形的秘密智慧。"在正方形的中心有一个被光束包围着的圆圈。这段批注做出了如下解释："把你的石头还原为四种元素……并且把它们统一成为一体，这样你就会拥有一个完整的灵丹妙药。"这是引自伪亚里士多德的一段话。中间的圆形被称为"一个中介物，在敌人之间制造和平，或者是［四种］元素；不仅如此，它本身就会对把圆形用正方形围起来产生影响"（180，p.44）。在下面这段话中有一个和绕行相类似的比喻："……精神的循环或循环的蒸馏，意即，从外向内，再从内向外，同样的，低处和高处的循环，当它们在一个圆形中汇聚在一起的时候，你就再也无法认出什么在外部，什么在内部了，也分不清上下了；但是所有的一切都在一个事物之中，在一个圆形或器皿之中。因为这个器皿就是真正的哲学鹈鹕，因为在所有的宇宙中人们寻找的不会是别的。"这个过程可以如此想象：外部（exterius）被四等分，四条河流在内部的"海洋"里流进流出。（180，pp.262f.）

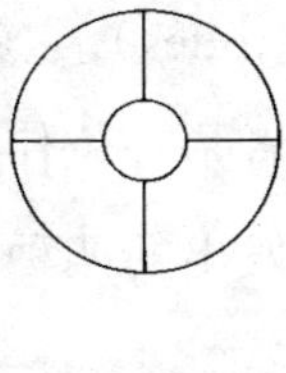

图60　把圆形用正方形框起来，使两性成为一个整体。引自Maier，*Scrutinium chymicum*，221，Emblema XXI，p.61。

金龟子(cockchafer)逐出教会一样。

169　正如佛塔把佛教的遗迹保存在其最深处的寺院里一样，在喇嘛教的四边形的内部，以及在中国的"地方"(earth-square)中，都有一个发挥其魔力作用的至圣场所(Holy of Holies)，它就是宇宙的能量源，无论它是湿婆神、佛祖、菩萨或者是一位伟大的导师。在中国它就是天(老天爷)以及从中散发出的四种宇宙力量(图61)。在西方中世纪基督教世界的曼

图61　作为天之象征的珍珠，被四个宇宙放射物（龙）包围着。中国唐朝的铜镜（7—9世纪）；引自Laignel-Lavastine，444，Ⅰ，p.543。

荼罗中，神同样占据着中间的最高地位，常常是以神气活现的救世主形象出现，连同四位传播福音的象征人物一起（图62）。现在，我们梦中的象征与这些非常形而上学的观点形成了最强烈的对照，因为它是一个长臂猿，毫无疑问这是一种类人猿，是在中心被重新建构起来的。在这里，我们再次遇到了曾在第一个梦系列的第二十二个幻象中出现的那种类人猿（第117自然段）。在那个梦中，它曾引起一阵恐慌，但它也对理智做出了有

图62　用十字图形绘制的长方形曼荼罗，中间的羊被四个福音传播者和四条天堂之河包围着。在圆形装饰中的是四种基本美德。引自 Zwiefalten Abbey breviary，20，lviii，fol.10（12世纪）；参见 Loffler，452，Plate 20。

益的干预。现在它要“重新出现”，这只能意味着，类人猿（即作为一个古代事实的人）又要整合在一起了。“左手路径”（left-hand way）[1]显然并没有向上引导到诸神和永恒理念的王国，而是向下引入到自然历史之中，引入到人类存在的兽性本能基础之中。因此，用古典的语言来说，就是酒神狄俄尼索斯的奥秘。

170 这个四边形与神圣围地相对应（图31），在那里正在上演着一场戏剧——在这种情况下是用类人猿的戏剧来取代羊人剧。“金花”的内部是一个“播种之地”，在那里生产出的是“钻石的身体”。那个同义词“祖先的土地”（ancestral land）[2]实际上可能是一种暗示，这个生产过程是把祖先的诸阶段整合起来的结果。

171 祖先的精神在古代关于重生的仪式中发挥着重要作用。澳大利亚中部的土著居民甚至把自己与他们梦幻时代（alcheringa）的神话祖先相等同，那是一个类似荷马史诗的时代。同样，陶斯（Taos）的普韦布洛印第安人，在为仪式舞蹈做准备时，就把自己与太阳相等同，认为他们是太阳之子。在心理学上，我们可以把这种人类与其动物祖先的返祖认同解释为一种无意识的整合，一种在生命之源中真正的浴火重生，在那

1 “左手路径”和“右手路径”涉及两个发现于西方神秘传统里的相对的哲学。“左手路径”指恶意的黑魔法，支持打破禁忌；“右手路径”指有益的白魔法，支持遵循道德规范。——中译注

2 Cf. 530a, p.24.

里一个人再次成为一条鱼，就像在睡眠、中毒和死亡中那样处于无意识状态。因此，这就是潜伏期的睡眠、狄俄尼索斯的纵酒和在启蒙仪式上的仪式化死亡。诚然，这些程序必然发生在某个神圣之地。我们可以轻易地把这些观念转换成具体的弗洛伊德理论：神圣围地就是母亲的子宫，而仪式就是向乱伦退行。但这些是对某些人的神经症的误解，这些人部分地停留在婴幼儿时期，他们并没有认识到，这些事情自远古以来就已被成年人实践过了，我们不可能把成年人的活动简单地解释为向幼稚行为的退行。否则，人类最高级和最重要的成就无非就是儿童的性倒错的愿望而已，“孩子气的”这个词就会失去其存在的理由。

172 既然炼金术的哲学方面充斥着一些问题，而这些问题又和吸引了最现代的心理学之兴趣的那些问题有着非常紧密的联系，那么，稍微深入地探讨一下在正方形中重新建构的类人猿这个梦中主题，可能是很有价值的。在绝大多数情况下，炼金术将其转换物质与“汞”或墨丘利乌斯相等同。从化学上讲，这个术语指的是水银，但在哲学上它的意思是生命精神（spiritus vitae），甚至指世界灵魂（参见图91），因此墨丘利乌斯也具有启示之神赫尔墨斯的意思。（这个问题将要在其他地方详细探讨。[1]）赫尔墨斯与圆形的观念有关，也与方形的

1 Jung，428b.

观念有关，尤其是在《古希腊魔法纸莎草书》(*Papyri Graecae Magicae*)[1]的第五卷（第401行）中可以看到，在该文献中他的名字是“圆”和“方”(στϱογγύλοζ χαὶ τετϱάγωνοζ)。他也被称为“四边形”(τετϱαγλώχιν)。一般地说，他与四这个数字有关联；因此，才有一个“长着四个脑袋的赫尔墨斯”(Eϱμῆζ τετϱαχέφαλοζ)之名。[2]这些属性在中世纪就已被人们所熟知，例如，就像卡尔塔里（Cartari）的著作所表明的。他说：

> 再者，有着方形特征的墨丘利（赫尔墨斯，图63）仅仅由一个头和一个男性躯体组成，强调太阳是世界之首，照耀大地，万物生长；方形特征的四个方位与构成墨丘利的四弦摇铃有着相同的意义，也就是说世界的四个方位或者一年四季，春分秋分，冬至夏至，它们构成了黄道的四个部分。[3]

173 人们很容易看出，这些属性为什么会使墨丘利乌斯成为炼金术的神秘转换物质的一个非常适合的象征；因为它是圆形的和方形的，也就是说，是一个由四个部分（四种元素）组成

1 Preisendanz, 477, I, p.195.

2 Bruchmann, 343, s.v.

3 Cartari, 131, p.403.

图63　赫尔墨斯。在汉密尔顿收藏中的古希腊花瓶上的绘画；引自LeNormont and Witte，450，III，Plate LXXVIII。

的整体。因此，诺斯替教的那个由四部分组成的初始之人[1]（图64）以及基督教的全能的主（Pantokrator）是一个哲人石的意象[2]（图65）。西方的炼金术主要起源于埃及，所以我们不妨先把注意力转向古希腊文化中的赫尔墨斯·特利斯默吉斯忒斯（Hermes Trismegistus）这个人物，他在担任中世纪墨丘利乌斯

1　Jung，424，par.211（424a，p.81）.

2　参见《心理学与炼金术》，第332自然段及之后数段。

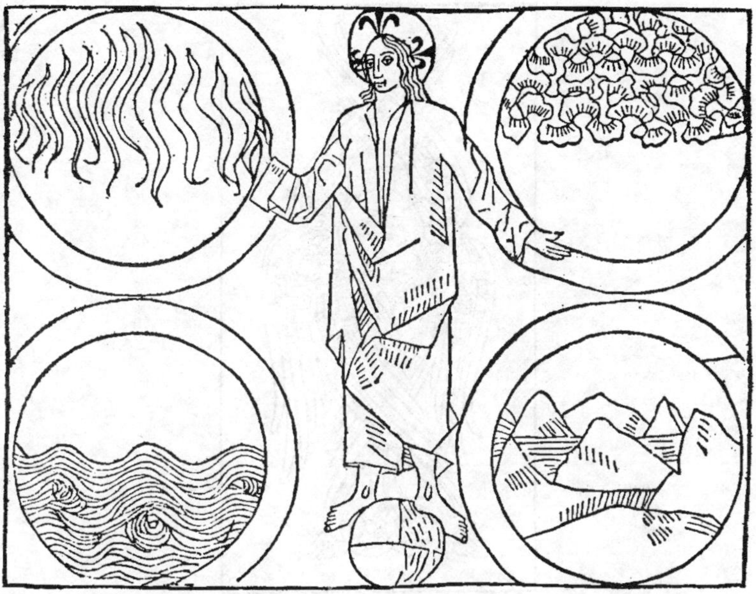

图64　作为人的耶稣基督，站在球上，旁边是四种元素。引自Glanville, *Le Proprietaire des choses*, 172a。

的教父时，就曾起源于古代埃及的透特（Thoth，图66）。透特的属性是狒狒，或者说，他的公开身份是以类人猿为代表的。[1]这种观点在无数种版本的《亡灵书》（*Book of the Dead*）中都明确地保留了下来，一直到最近的时代。确实，在现存的炼金术文本中（有少数属于基督教时代的例外），透特—赫尔墨斯和类人猿之间的古代联系已经消失了，但在罗马帝国的时代它

1　Budge, 346, I, pp.21, 404.

图 65　站在两个轮子上的四联像(古人的象征),旧约和新约全书的象征。引自希腊圣山上的瓦托佩蒂(Vatopedi)隐修院(1213年);参见 Gillen,392,p.15。

还存在。虽然墨丘利乌斯与魔鬼有不少相似之处(但我们不在此涉及此事),总之,类人猿再一次意外地出现在作为猿人上帝(simia Dei)的墨丘利乌斯的身边(图67)。这个转换物质的本质一方面是极其普通的,甚至是很卑鄙的(这在它与魔鬼共有的一系列属性中表现出来,例如蛇、龙、食肉动物、狮子、毒蜥和秃鹰),但另一方面它又含有价值重大的意义,更不要说其关于神圣的方面了。因为这种转换是从深处向高处转换,是从野兽般的原始和婴儿状态向完美理智的成年人(homo maximus)转换。

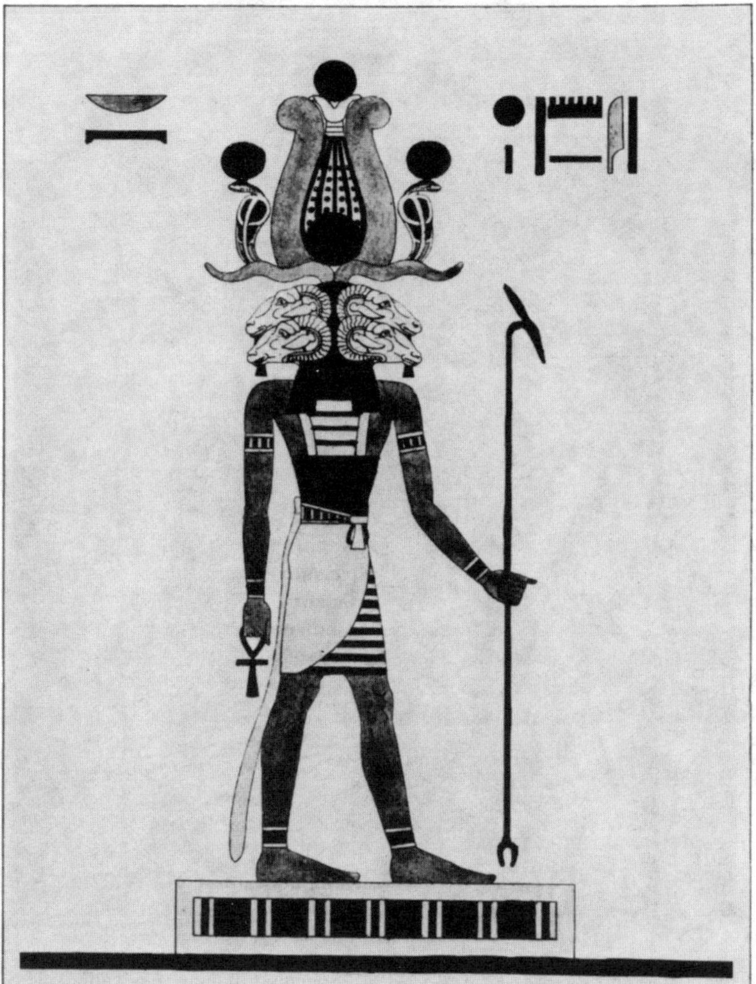

图66　太阳神(Ammon-Ra),古埃及的四元素精灵。引自Champollion,*Panthéon égyptien*,350(“Ciba-Zeitschrift”图画收藏,巴塞尔)。

图67　以猴子形象出现的魔鬼。引自“Speculum humanae salvationis”(手稿,14世纪),20,xxxii。

174　重生仪式的象征作用,如果我们严肃看待的话,其含义远不止表示原始和婴儿状态指代的人的先天心理倾向,更可以一直追溯到动物水平的祖先生活的结果和积淀——所以这是祖先和动物的象征作用。举行仪式的目的是想要消除意识心灵和无意识(即生活的真正根源)之间的分离,并且把个体与构成其遗传和本能的本地土壤重新结合起来。如果这些重生仪式没有产生明确的结果,那它们不仅会在史前时代就消亡,而且甚至根本就不可能产生。我们面前的这个案例证明,即便意识心灵与重生仪式这些古代的概念相距甚远,无意识仍然力图使它们在梦中靠得更近些。确实,要是没有自主性和自给自足的特性,就根本不可能有意识,但是这些特性也会带来隔离和孤寂的危险,因为,通过把无意识分离开来,它们就会造成不可忍受的本能的疏离。本能的丧失是无数错误和混乱之源。

175 最后,梦者不是在中间,而是在一边,这个事实是对将要在他的自我中发生的事情的一个惊人暗示:自我再也不可能要求占据中心地位了,而可能必须满足于这样的地位,即成为一个围绕太阳旋转的卫星或行星。显然,处在中间的重要位置是为即将得到重新建构的那个长臂猿保留的。长臂猿属于类人猿,而且,考虑到它和人类的亲缘关系,长臂猿是下降到低于人类精神的那一部分的一个适当象征。再者,我们已经从狗头人(cynocephalus)或者与透特—赫尔墨斯有关联的那个长着狗头的狒狒(图68)那里看出,这是埃及人所知道的类人猿中的最高级动物,它那近似于神的属性使它同样成为超越了意识水平的无意识那一部分的一个适当象征。位于意识之下的人

图68　狗头人身的透特。出自埃及法老王墓地群，在卢克索的戴尔美迪纳附近（古埃及第二十王朝，公元前12世纪）；收藏于Hahnloser Collection，德国波恩。

类精神是有层次的，这个假设不会引起严重的反对。但是，若认为可能同样也有位于意识**之上**的层次，这似乎是接近“犯有背叛人类尊严之罪”（crimen laesae majestatis humanae）的一种推测。按照我的经验，意识心灵只能要求有一个相对中心的地位，而且必须忍受无意识精神会超越它，而且可能在四面都包围着它的事实。无意识内容**向后**一方面把它与生理状态联系起来，另一方面又与原型资料联系起来。但是，它也通过直觉**向前**得到扩展，而直觉是部分地以原型，部分地以阈下知觉为条件的，这要依赖于无意识中时空的相对性而定。我必须把它留给读者，在对这个梦系列及其展现出来的问题进行了透彻的考虑之后，读者就会对这种假设的可能性形成他自己的判断。

176 下面这个梦是未经删节的，以原始文本呈现的：

17. 梦境：

所有的房子里都有一些与他们有关的具有喜剧效果的东西，包括舞台场景和装饰。萧伯纳（Bernard Shaw）的名字被提到了。可以认为这出戏将要发生在遥远的未来。在其中的一个布景上有一个用英文和德文书写的通告：

这是万能的天主教堂。

它是上帝的教堂。

所有那些觉得自己是上帝之工具的人都可以进入。

在这个通告的下面用更小的字母写着“这个教堂是耶稣和保罗建立的”——就像是一个公司为其长期声望做的广告。

我对我的朋友说:“来啊,我们来看看这个。”他回答说:“我弄不明白,许多人在感受宗教的时候,为什么不得不聚集在一起。”我回答说:“作为一个新教徒,你是绝不可能理解的。”一个女人点了点头表示非常赞同。接着我在教堂的墙上看到一个布告。上面写着:士兵们!

当你觉得你处在耶稣基督的力量影响之下时,请不要直接对他说话。耶稣基督是不可能通过话语达到的。我们也强烈地忠告你,不要沉溺在你们之间关于耶稣基督之属性的任何讨论之中。这是徒劳无益的,因为任何有价值的和重要的事情都是无法用言语表达的。

(签字)教皇……(名字难以辨认)

现在我们走进去。里面很像是一个清真寺,更具体点说就是圣索菲亚大教堂(Hagia Sophia):没有座位,奇妙的空间效果;没有图画,只有用镜框装饰在墙上的文本(就像是圣索菲亚大教堂中的《古兰经》文本)。其中一个文本上写着:“不要阿谀逢迎你的施主。”那个曾赞同我的观点的女人眼泪夺眶而出,她哭着说:“那么就没有什么东西留下来了!”我回答说:“我觉得这非常对!”但她突然消失不见了。起初我站的地方有一根柱子立在我面前，我什么也看不见。然后我改变了一下站的位置，看见了一大群人。我不属于他们的一员，于是独自站在一旁。但是他们都很清晰，我能看清他们的脸。他们齐声说道："我们忏悔，我们都在耶稣基督的力量影响之下。天的王国就在我们内心之中。"他们非常庄重地把这句话重复了三遍。接着管风琴开始演奏，他们和唱诗班一起唱了一首巴赫赋格曲。但是开头的那段歌词被省略了；有时候唱的只有一种花腔，然后不断重复以下这句话："所有这一些东西都是纸"（意思是并没有给我留下生动的印象）。当唱诗班的声音消失之后，令人愉快的（gemutlich）仪式部分开始了；这差不多就像是一次学生聚会。人们全都快乐而且平和。我们四处走动、交谈和相互问候，现场准备了（来自圣公会神学院的）红酒和其他点心。大家举杯向教会祝酒，仿佛是要表达，看到人员增加大家都很快乐。一个大喇叭用叠句唱出拉格泰姆（ragtime，又称散拍乐，是一种源于美国黑人乐队的早期爵士音乐）曲调，叠句是这样的："查尔斯现在也和我们在一起。"一位牧师向我解释说："这些多少有些单调的娱乐活动已经得到了官方的批准。我们必须要稍微适应一下美国的方法。像我们这样有这么一大群人，这是不可避免的。但是，由于我们有明显的反禁欲倾向，因此我们在原则上不同于美国的教会。"随后我就醒了，感到非常的宽慰。

177 遗憾的是，我必须克制自己对这个完整的梦[1]做出评论，而是将话题仅限于我们的主题上。（根据早先提供的暗示）神圣围地已成为一个神圣的建筑物。这样一来，这些进程便具有了"宗教的"特点。酒神狄俄尼索斯奥秘的荒唐—幽默方面，是在所谓令人愉快的仪式部分表现出来的，那里提供了红酒并且为教会的健康存在而祝酒。在奥菲斯—狄俄尼索斯圣坛的地板上刻写的铭文对此做了非常贴切的说明：只是没有水啊！（μόνον μὴ ὕσωϱ）[2]狄俄尼索斯在教堂里的遗物，例如鱼和红酒的象征、大马士革圣餐杯、画有耶稣受难像且刻有铭文"奥菲斯受难"（ΟΡΦΕΟϹ ΒΑΚΚΙΚΟϹ）[3]的圆柱形图章，此外还有很多，这里只能随便地提一些。

178 "反禁欲"倾向显然标示着与基督教教会截然不同的观点，在这里其被定义为"美国的"（参见对第一个梦系列的第

---

1 这个梦在我的《心理学与宗教》（*Psychology and Religion*）一书中做了冗长的探讨（426a，par.40；426，p.28）。

2 来自特拉蜜西娅（Tramithia）的奥菲斯镶嵌图案（Eisler，374，pp.271f）。我们可以把这段铭文看作一个笑话，且并没有触犯古代神秘的精神。[参见庞贝的神秘别墅（Villa dei Mistery in Pompeii）里的湿壁画（Maiuri，457），在那里喝醉酒和心醉神迷不仅有密切关联，而且实际上是同一件事情。]但是，由于从最古老的时代开始，仪式就与治愈联系在一起，这个忠告很可能是警告人们不要喝水，因为众所周知，在南方地区喝水是导致痢疾和伤寒的主要原因。

3 Eisler，374.

十四个梦的评论)。美国是一个有着实践理智的合理观念的理想国度,它很想借助于“脑信任”(brain trust)把世界带向正义。[1]这种观点与“理智 = 精神”这个现代公式是一致的,但它完全忘记了以下事实,即“精神”绝不是人类的一种“活动”,更不是一种“功能”。因此可以肯定,向左移动就是从现代的观念世界中撤出,并且向前基督教的狄俄尼索斯崇拜退行,从基督教意义上说,“禁欲主义”在那里是未知的。同时,这种移动并没有使右边脱离神圣之地,而是保留在其内部;换句话说,这并没有失去其神圣宗教的特点。它并没有简单地陷入混乱和无秩序状态,而是把教堂与狄俄尼索斯圣坛直接联系起来,就像历史进程所做的那样,尽管是以相反的方向。我们可以说,为了达到前基督教时代的那个层次,这种退行的发展真实地修复了历史的道路。因此这不是一种旧病复发,而是一种系统地下降到地狱(图69),一种心理学的“尼克亚”。[2]

179 我曾在一个牧师的梦中遇到过非常类似的事情,他对其信仰持有一种非常成问题的态度:

晚上,他一进入教堂,就发现唱诗班所在高台上的整

1 这大体上就是梦者的看法。

2 参见图170、图171、图172、图174、图176、图177。

图69　但丁和维吉尔在通往地下世界的旅途中。引自但丁的《神曲：地狱篇》(*Inferno*)；参见Codex Urbanus Latinus 365(15世纪),20,xlvi。

个一堵墙全都坍塌了。圣坛和废墟上长满了葡萄藤，上面悬挂着一串串的葡萄，月光透过缝隙照进来。

180　另外，一个满脑子宗教问题的人做了下面这个梦：**一个巨大的哥特式大教堂，里面几乎漆黑一团。正在举办大弥撒。突然过道的整个一堵墙都坍塌下来。炫目的阳光照射到里面，还有一大群公牛和母牛。**这种场景显然更具有密特拉教

(Mithraic)[1]的意味,但是,密特拉与早期教会的关系就像狄俄尼索斯与教会的关系一样。

181 相当有趣的是,我们梦中的教堂是一个融合的建筑物,因为圣索菲亚大教堂是一个非常古老的基督教堂,但它直到最近还一直作为清真寺被使用。因此,它与梦的目的非常适合:尝试把基督教与狄俄尼索斯的宗教观念结合起来。显然,这件事情的达成无须一方排除另一方,无须毁灭任何价值观。这是极其重要的,因为“长臂猿”的重新建构是要在神圣的场所发生的。这种亵渎神圣可能会轻易地导致人们做出危险的假设,向左移动是一个“欺诈恶魔”(diabolica fraus),而长臂猿就是魔鬼——因为魔鬼实际上被认为是“上帝的类人猿”。所以向左移动就是对神圣真理的一种歪曲,目的是建立“其黑色陛下”来取代上帝。但是,无意识并没有这种渎神的意图;它只是想要把失去的狄俄尼索斯恢复到宗教世界之中,由于某种未知的原因,狄俄尼索斯在现代人当中已经缺失了(对不起啊,尼采!)。在第二十二个幻象的结尾(第117自然段),长臂猿第一次出现,幻象中有声音说道,“一切都必须由光明来统治”,我们则可以补充说,所有的一切,也包括那个长着触角和分趾蹄的黑暗之神(Lord of Darkness)——只是一个狄俄尼索斯式的纵乐者,他相当出乎意料地上升到了王子的行列。

---

1 祭祀波斯神话中的光明之神密特拉的一种宗教。——中译注

182 狄俄尼索斯的这个成分必然与情绪和情感有关，在占支配地位的是阿波罗崇拜和基督教精神气质的时代，情绪与情感没有找到合适的宗教宣泄方法。中世纪的狂欢和教会的手掌游戏（jeu de paume）[1]较早地就被抛弃了；因此狂欢变成了世俗化的东西，与之相伴随的神圣醉酒也从神圣场所消失不见了。留下来的是哀悼、诚挚、严肃和好脾气的宗教精神的快乐。但是醉酒，这种最直接和最危险的占有形式绕开了诸神，以其生机勃勃和哀婉动人把人类世界包裹起来。异教在其崇拜中给这种酗酒的心醉神迷以一席之地，因而遭遇到这种危险。当赫拉克利特说，"但是冥王哈迪斯和酒神狄俄尼索斯是一样的，他们变得疯狂并且保留着酒缸这个令人愉悦的东西，是为了向哈迪斯和狄俄尼索斯致敬"，毫无疑问，此时赫拉克利特看到了支撑这种状态的究竟是什么。正是由于这个原因，纵酒狂欢获得了宗教的许可，以便驱除来自哈迪斯的危险。然而，我们的解决方法却可以打开地狱之门。

18. 梦境：

183 一个四方形的场地里正在举行一些复杂的仪式，其目的是想把动物变成人。有两条朝相反方向移动的蛇不得不立即被除掉。还有一些动物，例如狐狸和狗。人们围绕

1 用手掌击球的游戏，网球运动的前身。——中译注

着这个正方形走着，而且必须让自己在四个角落里被这些动物咬住（参见图118）。如果他们跑走的话，那么一切就都会失去。现在一些更高级的动物出现在场景上——公牛和巨角塔尔羊。四条蛇滑行到四个角落里。然后集会结束了。两个献祭的牧师带来一只巨大的爬行动物，他们用这只爬行动物来触摸一个没有形状的动物胚或生命团的前部。那里立刻就长出了一颗人头，发生了变形。一个声音宣告说："这些就是存在的尝试。"

184 人们几乎可以说，对这个梦所做的"解释"，就是在这个正方形的空间里发生的一切。要把动物变成人；一个没有形状的生命团通过用爬行动物进行魔力接触，就可以变成一个变形的（受到启示的）人头。动物胚或生命团代表着就要和意识结合在一起的天生就有的无意识。这是通过在仪式上使用一只爬行动物，很可能是一条蛇，而使其发生的。借助于蛇而获得转换和再生，这种观念是一个非常具体的原型（图70）。它就是那条治病的蛇，代表的是神祇（图203、图204）。在萨巴最俄斯（Sabazius）[1]的奥秘中讲道："一条金色的蛇被放进被创造者的腹中，然后又从身体下部拿走。"[2]在拜蛇教（Ophites）中，

1 希腊神话中的啤酒神。——中译注

2 Arnobius, *Adversus gentes*, 106a. 关于中世纪类似的实践活动，请参见Hammer, 404，即本书图 70。

图70　中世纪异教的转换仪式，与蛇在一起。引自Hammer，*Mémoire sur deux coffrets gnostiques*，404，Plate K。

耶稣基督就是蛇。作为人格再生的蛇的象征作用，其最重要的发展很可能就是在昆达利尼瑜伽（Kundalini yoga）中发现的。[1]因此，在尼采的《查拉图斯特拉如是说》中，牧羊人与蛇在一起的那种体验就是一种命运的预兆（而且不只是唯一的一种——参见那个走钢丝的演员在死亡时的预言）。

185　那个"没有形状的生命团"立刻就使人想起了炼金术的"混沌"[2]理念，massa或materia informis或confusa，其中包含着自创世以来就存在的神圣的生命种子。根据《米德拉什》（*Midrash*）[3]中的观点，亚当就是以完全相同的方式被创造出来的：在第一个小时里上帝把泥土收集起来，在第二个小时里用

1　Avalon，327；Woodroffe，535.

2　参见Lactantius，213，I，pp.14，20："源自混沌，混沌是一种混乱的、粗糙无序的物质。"

3　犹太教讲解《圣经》的布道书。——中译注

泥土做了一个没有形状的泥团，在第三个小时里制成了四肢，等等（图71）。[1]

图71　把亚当从原初物质的泥土中造出来。引自Schedel，*Das Buch der Chroniken*，299，p.V，木版画。

1　Dreyfuss，369，引自Reitzenstein，485，p.258。

186 但是，要想使生命团得到转换，就必须环行(circumambulatio)，即全神贯注于那个中心，那个创造性改变之地。在这个过程中人会被动物“咬住”；换句话说，我们必须使自己暴露在动物的无意识冲动之中，而又不会使我们自己与它们相识，不会“跑走”；因为逃离无意识就会使整个过程的目的失效。我们必须坚守住我们的立场，在这里的意思是，由梦者的自我观察所引发的过程在所有的细节方面都必须被体验到，然后用意识来进行明确表述，使之得到最好的理解。由于意识生活与无意识过程完全无法进行比较，这常常会产生一种几乎难以忍受的紧张，而这种紧张只有在最深处的灵魂中才能被体验到，而且根本就不可能触及生活的可见表面。意识生活的原则是:“理智中的任何东西无一不是首先存在于感官之中。”但无意识的原则是精神本身的自主性，它反映出的不是世界而是其自身的意象，即便它为了使其意象更清晰，而利用了可感觉到的世界所提供的作为例证的可能性。然而，感官数据并不是它的一个有效原因；它是自主选择的并且是被精神借用的，其结果就是，宇宙理性不断地以最令人苦恼的方式受到侵犯。但是，当可以感觉到的世界作为动力因(causa efficiens)而突然闯入更深层的心理过程时，可以感觉到的世界就会对更深层的心理过程产生破坏性的影响。如果要做到一方面保证理性不会受到伤害，另一方面意象的创造性活动也不会受到粗暴的压抑，那么，就必须要有一个小心谨慎且有先见之明的程序来使这对势不两立的事物达到自相矛盾的结合(图72)。这就是在我们的梦中与炼金术相类似的东西。

图72 “势不两立事物的结合”:水与火的婚姻。画中的两个人物都有四只手,象征着他们多种不同的能力。引自一幅印度油画,参见 Mueller, *Glauben, Wissen und Kunst der alten Hindus*, 468, Plate Ⅱ, fig.17。

187 梦境中出现的要求把注意力集中在中心以及关于“跑走”的警告,这在炼金工作中有明显相似的东西:必须把注意力集中在这项工作上并且对其进行沉思，这种观点一再受到强调。但是，想要跑走的倾向不应归咎于操作者，而应归咎于转换中的物质。墨丘利乌斯（汞）是易挥发的，而且被称为仆人（servus）或逃跑的雄性动物（cervus fugitivus）。必须把器皿很好地密封起来，这样里面的东西才不会跑出来。关于这个仆人，艾丽纳义乌斯·菲拉利西斯（Eirenaeus Philalethes）[1]是这样说的："关于怎样管理他们，你必须非常小心，因为如果他能够找到一个机会，他就会巧妙地避开你的警觉，穿梭而过，只留下你面对一大堆灾祸而目瞪口呆。"[2]这种事情不会发生在那些追寻投射的哲学家身上，他们越是归因于物质，就离他们期待的心理根源越远。从这个梦中的材料及其与中世纪的前辈之间的差异中，我们就可以测量出心理学的进展：现在跑走显然是梦者的一个特点，也就是说，它不再被投射到未知的物质之中。因此跑走就成为一个道德问题。这个方面已被炼金术士们认识到了，因为他们强调，对他们的工作必须要有一种独特的宗教忠诚；但是，人们不可能完全清除这种怀疑，即他们会利用祈祷者和虔诚的仪式活动强行创造奇迹——甚至有些人把追求圣灵作为他们的常态！但是，对他们要说句公道话，我们不能无视这个事实，在文献中有大量的证据表明，他们认识到

1 17世纪初生活在英格兰的炼金术士。

2 Philalethes，262，pp.133f.

这是与他们自己的转换有关的事情。例如，一位炼金术士高喊:“把你自己转换成活的哲人石吧!”

188 考虑到意识和无意识的对抗性特点，当把它们分开的时候，就很难使它们再次接触。因此在这个梦的一开始，那些朝相反方向移动的蛇就必须被驱除；也就是说，意识与无意识之间的冲突要立即坚决终止，意识心灵被迫凭借环行来承受紧张。由此而追踪的那个魔圈也将阻止无意识挣脱开，因为这种迸发就相当于精神病。“Nonnulli perierunt in opere nostro”，即“有不少东西就毁灭在我们的工作中”，我们可以和《哲学玫瑰园》的作者一起说出这句话。这个梦表明，这种自相矛盾的困难的思维操作（只有最高的理智才能掌握的一种技艺）已经获得了成功。那些蛇不再跑走，而是定居在四个角落里，而且转换或整合过程也开始发挥作用。“变形”和启示，对中心的有意识认知已经达成，或至少在这个梦中达到了预期。这个潜在的成就（如果能够保持下去，即，如果意识心灵不会再次失去与中心的联系）就意味着人格的再生。[1]因为它是一种主观状态，其现实不可能凭借任何外部标准来证明，想要进一步描述和解释它的任何企图都是注定要失败的，因为只有那些有过这种经验的人才能够理解和证实其现实性。例如，“幸福”（happiness）

1 参见对第二个梦系列第十个梦境的评论，第137自然段及之后数段。《论黄金》（180，第四章）：“而且，被抱在我母亲的臂膀和怀抱中，以及束缚在她的物质之中，我就使我的物质得以聚集在一起并得到休息。”

就是这样一种明确的现实，没有一个人不去追求它，而且有不止一种客观标准会毫无疑问地证明，这种状况必然存在。就像那些最重要的事情经常发生的那样，我们不得不设法做出某种主观判断。

189 把蛇安排在四个角落里象征着无意识中的秩序。仿佛我们面对的是一个预先存在的基本计划，一种毕达哥拉斯式的“圣四”(tetraktys)。在这方面我非常频繁地观察到四这个数字。它完全可以用来解释十字架或被分成四份的圆圈的那种普遍的影响方式和魔力般的意义。在目前这种情况下，重点似乎是要把握和调节动物本能，以便驱除陷入无意识之中的危险。这完全可能就是十字架的那种战胜了黑暗力量的经验基础(图73)。

190 在这个梦中，无意识通过将其内容危险地强行推进到意识领域附近，因而取得了强有力的进展。看起来梦者深深地纠缠在神秘的虚构仪式之中，并将永久地将其对梦的持久记忆带入到其意识生活之中。经验表明，这会导致意识心灵产生严重的冲突，因为这样做时，意识并非总是愿意或者能够运用那种超乎寻常的理智和道德力量，而这种力量是严肃地看待某一悖论所必需的。没有任何东西能像真理那样要求绝对的忠诚。

191 只要对中世纪心灵的历史瞄上一眼就会明白，我们现代人的全部思想就是由基督教塑造的。(这和我们是否相信基督教真理毫无关系。)因此，这个梦所提出的在神圣场所中对

图73 把人从龙的力量下解救出来。引自Codex Palatinus Latinus 412(15世纪),20,xlvii。

类人猿的重新建构是如此令人震惊，大多数人都将在完全不理解当中寻找避难所。其他人则会漫不经心地忽略深不可测的狄俄尼索斯奥秘，并将欢迎达尔文的理性观念，认为梦的核心就是对神秘的一种预防。只有极少数人将感受到这两个世界的冲突，认识到这一切究竟意味着什么。但是，这个梦相当明白地指出，根据传统的看法，类人猿就是在神祇居住的这个地方出现的。这种替代几乎就像黑弥撒(Black Mass)一样邪恶。

192 在东方的象征中，四方形，在中国表示土地，在印度表示莲花——具有"yoni"(即女性)[1]的特点。一个男人的无意识是女性的，而且是作为阿尼玛[2]体现出来的。阿尼玛也代表"劣势"功能[3]，且因为这个原因而经常具有阴影的特点；实际上她有时也代表邪恶本身。一般地说，她是**第四**个人(参见第十、第十一、第十五个梦境；第136、第147、第162自然段)。她是黑暗而令人敬畏的母亲的子宫(图74)，她具有某种本质上自相矛盾的性质。基督教的神就是这三个人中的一。在天堂戏

---

1 印度教崇拜的女性生殖器图像。——中译注

2 我界定的阿尼玛这个观念根本就不是什么新东西，而是我们在最多种多样的场合中遇到过的原型。它在炼金术中也已为人们所知，正如以下批注所证明的(4, i, p.417)："正如阴影持续地追随着在太阳下行走的人的身体一样，我们的那位雌雄同体的亚当，虽然他是以男性的形式出现的，但并不随身携带着夏娃，或他的妻子，而是把她藏在他的身体之中。"

3 Jung，425，Part Ⅱ，Def.30.

图74　使土壤肥沃并且诞生出人类的天堂。引自Thenaud,“Traité de la cabale”(手稿,16世纪),20,xxix。

剧中的第四个人无疑就是那个魔鬼。在更无害的心理学观点中,他只不过就是劣势功能。根据道德评价他就是人的罪孽;因而是一种属于他的功能,所以是男性的。神的女性成分被保留在非常黑暗的地方,把圣灵解释为索菲亚(Sophia)被认为是异端邪说。因此,基督教的这出形而上学的戏剧,“天堂里的序幕”,只有男性演员,这是一种和许多古代奥秘共享的观点。

但是女性成分必定显然就在某个地方——所以很可能会在黑暗之中发现。不管怎么说，这就是古代中国哲学家为其定位之处：在阴之中。[1]虽然男人和女人可以结合，但他们代表势不两立的对立物，一旦被激活，就会退化成为致命的敌意。这一对原始的对立物是对每一对可以想象到的、可能出现的对立物的象征：热和冷，光明和黑暗，北方和南方，干和湿，好和坏，意识和无意识。在功能心理学中有两种意识，因此可以认为，男性功能，被分化出来的功能及其辅助功能，在梦中是以父亲和儿子为代表的，而无意识功能则是作为母亲和女儿出现的。由于两种辅助功能之间的冲突几乎并不像被分化出来的功能和劣势功能之间的冲突那么大，第三种功能（也就是无意识的辅助功能）就能够上升到意识层面，从而成为男性的。但是，它也会携带着受劣势功能污染的痕迹，从而表现出一种与无意识黑暗的联系。正是为了与这个心理学事实保持一致，圣灵才会被异端邪说解释为索菲亚，因为他是肉体诞生的中介，能够使神性在世界的黑暗之中发出闪耀的光芒。毫无疑问，正是这种联想，才使人猜想圣灵是女性，因为圣母玛利亚就是田野里的黑暗土地——"处女的土壤还没有得到雨水的浇灌"(illa terra virgo nondum pluviis irrigata)，正如德尔图良(Tertullian)对她

1 《论黄金》，1，i，p.12："男性是女性的天堂，而女性是男性的土地。"

的称谓。[1]

193 第四种功能受到了无意识的污染，而且在成为意识的时候，会把整个无意识都拖进来。所以我们必须与无意识保持一致，并努力产生一种对立物的综合。[2]一开始会产生某种强烈的冲突，例如，当任何有理性的人明显产生了很多荒谬的迷信思想时，他就会体验到的那样。当一切都涌上心头，他就要绝望地使自己全力抵抗那些在他看来既凶残又荒谬的东西。这种情境可以解释以下的这些梦。

19. 梦境：

194 两个民族之间的惨烈战争。

195 这个梦描述的是冲突。意识心灵在捍卫其地位，并试图压抑无意识。这样做的最初结果是排除了第四种功能，但是，由于它把第三种功能污染了，因此第三种功能也有消失的危险。然后事情就会转向目前这种状态之前的状态，那时只有两种功能是意识的，而另外两种是无意识的。

---

1 *Adversus Judaeos*，309，XIII.

2 炼金术把这种综合视为其主要任务之一。《哲人集》(493，p.26)中写道："因此把一个红色奴隶的儿子与其芳香的妻子结合起来，把他们结合在一起，他们就会使这门艺术产生。"这种对立物的综合常常是以兄弟姐妹乱伦为表征的，这种说法无疑回到了"阿里斯莱的幻想"("Visio Arislei"，2，iii)的第五篇章(参见图167)，该文描述了塔布里提乌斯(Thabritius)和贝雅(Beya)的同居，他们是"大海之王"的孩子。

20. 梦境：

196 在一个洞穴里有两个男孩子。第三个男孩子仿佛是通过一个管道掉进来的。

197 这个洞穴代表无意识的黑暗和僻静；那两个男孩子则相当于两种无意识功能。从理论上讲，第三个男孩子一定是辅助功能，这表示意识心灵已被完全吸收到被分化出来的功能之中了。现在的比例是1∶3，非常有利于无意识。因此我们可以预料它会出现第三次进展，回到其以前的地位。那些“男孩子”是暗指小矮人这个主题（图77），以后还会有更多。

21. 梦境：

198 一个很大的透明的球体，里面包含着很多小球体。一棵绿色的植物从顶上长出来。

199 球体是一个包含着其全部内容的整体；由于无用的争斗而停顿下来的生活又再次成为可能。在昆达利尼瑜伽中，“绿色的子宫”是从其潜伏状态浮现出来的湿婆神的一个名字。

22. 梦境：

200 梦者在一家美国旅馆里。他乘坐电梯上楼，大约想

图75　印度教三神一体的图画。三角形象征着向统一点汇聚的宇宙倾向。乌龟代表毗湿奴；从两朵火焰之间的头颅上长出来的莲花，代表湿婆；构成背景的闪耀的太阳代表梵天。这个图画就相当于炼金工作，乌龟象征着混沌，头颅象征着转换的器皿（vas），而花朵象征着“自性”或整体性。引自一幅印度油画，载于Mueller，*Glauben*，*Wissen und Kunst der alten Hindus*，468，Plate II，fig.40。

去三楼或四楼。他不得不和其他许多人一起在那里等候。一位朋友（一个真实的人）也在那里并且说，梦者不应该让那个黑暗的陌生女人在下面等那么久，既然他已经把她控制在其（梦者）手中了。现在那个朋友给了他一张未封口的纸条，让他交给那个黑暗的女人，纸条上写着：“拯救并非来自拒绝逃跑或拒绝不逃跑。它也并非来自放任自流。拯救来自完全的放弃，他的眼睛总是转向中心。”在这个纸条的边上有一幅画：一个轮盘或花环，上面有八个辐条。这时一个负责电梯升降的男孩子出现了并且说道，梦者的房间在八楼。他进入电梯往上，这次到了七楼或八

> 楼。一个不认识的红头发的男人站在那里，以友好的方式向他问好。接着场景改变了。据说在瑞士发生了一次革命。军方正在为“完全扼杀了左派”而进行宣传。认为左派的力量太弱，人们对这种反对意见给出的回答是，这正是为什么它应该被完全扼杀的原因。现在出现了一些穿着旧式服装的士兵，他们都很像是那个红头发的男子。他们用通条给枪装子弹，站成一个圆圈，准备向中心射击。但最终他们并没有射击，而似乎是离开了。梦者在恐惧之中醒来。

201 重建一种整体状态的倾向（已在前面的梦中指出过）再次表现出来，以某种完全不同的方向对抗着意识。因此，这个梦应该有一个美国的背景，这是很合适的。电梯向上走，当某件事情从“下”意识（“sub”-conscious）中浮现“上来”时，这是正确而合适的。浮现上来的是无意识内容，即具有四这个特点的曼荼罗（参见图61、图62）。因此电梯应该上升到四楼；但是，由于第四种功能是禁忌，它只上升到“大约三楼或四楼”。这种事不仅发生在梦者身上，而且也发生在其他许多人身上，他们都必须和他一样等着，直到第四种功能能够被接受为止。这时一个好朋友让他注意这样一个事实，他不应该让那个黑暗的女人（即代表禁忌功能的阿尼玛）“在下面”等着，意即，在无意识中，这就是为什么梦者不得不和其他人一起等着上电梯的根本原因。这实际上不仅是个人的问题，而且是集体的问题，因为无意识的活跃在近代已变得如此明显，正如席勒(Schiller)所预见的，这已经引起了19世纪连做梦也没有梦到过的问题。尼采在其《查拉图斯特拉如是说》中拒绝那条“蛇”和“丑陋的男人”，从而使他自己处于一种英雄般的意识骚动之中，导致了在同一本书中预见到的那种崩溃，这是相当符合逻辑的。

202 纸条中给出的那个忠告非常切题而且深刻，因此确实没有什么需要补充的。在它或多或少地被梦者接受之后，上升就能够恢复。我们必须认为，第四种功能的问题已被接受，至少是广义上的，因为梦者现在已经到达了第七层或第八层楼，这意味着，第四种功能不再以四等分为表征，而是以八等分为表征，而且显然被缩减了一半。

203 相当令人好奇的是，达到整体性的最后一步之前的这种犹豫不决，似乎在《浮士德》(第二部)也发挥过某种作用，书中写道，在关于众卡比洛斯(Cabiri)的场景中，“靓丽的美人鱼”从水面上浮现出来。海之女神涅瑞伊得斯(Nereids)和人鱼特里同(Tritons)唱道：

我们手中带来的东西
应当让你们都感到宽慰。
一种森严的意象隐现

在刻罗涅那巨大的龟壳里。
这就是我们带来的神祇，
让我们高唱赞美的诗歌。

女海妖们：身材虽矮小，
力量却强大！
拯救失事船只，
上古尊崇的神祇。

涅瑞伊得斯和特里同：我们带来众卡比洛斯
来庆祝和平，
因为在它们统治的地方
海神尼普顿也会很温柔。

一种“森严的意象”是由“美人鱼”带来的，这是一些女性角色（参见图10、图11、图12、图157），可以认为她们就是无意识的大海和波浪。“森严的”这个词使我们想起了“严肃的”建筑形式或几何形式，这表示一种明确的观念，没有任何浪漫的（有情调的）装饰品。它从海龟[1]的壳里“隐现出来”（图76），

1 一种炼金术工具，一种浅底的碗，可以用作烹饪的厨具。参见Rhenanus，284，p.40。

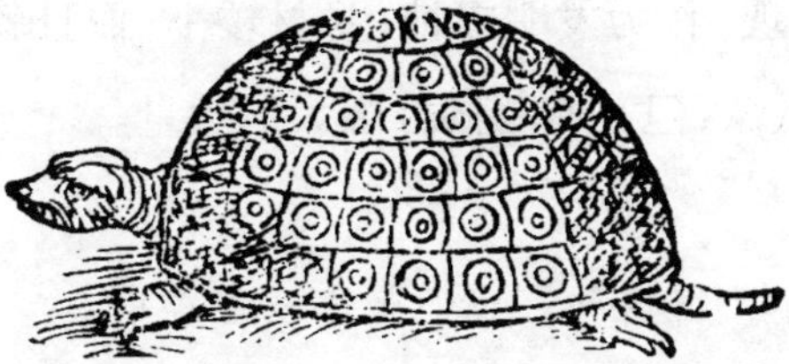

图76　乌龟：一种炼金术工具。引自Porta，*De distillationibus*，276，p.40。

图77　泰莱斯福鲁斯（Telesphorus），众卡比洛斯的一种，阿斯克勒庇俄斯的后裔：（左）圣日耳曼—昂莱的铜人；（右）阿维尼翁的大理石雕像。两者均引自Roscher，487，p.316。

它是一种像蛇一样原始而冷血的动物，象征着无意识的本能方面。不知怎么的，这种“意象”却以看不见的、创造性的小矮神自居（图77），戴着兜帽和斗篷的小矮人，他们一直隐藏在黑暗的小匣子（cista）之中，但是他们也在海边出现，是一些大约一英尺高的小矮人，作为无意识的近亲，他们在那里为水手护航，也就是说，冒险进入黑暗和不确定之中。他们以达克堤利[1]的形象出现，作为发明之神，身材矮小，而且就像无意识冲动那样地位低微，但又有着同样强大的力量。

涅瑞伊得斯和　我们带来三位神祇
特里同：　　　但第四位不肯光临。
　　　　　　　他说，他才是正确的那一个，
　　　　　　　他为他们所有人着想。

女海妖们：　　我们看见一个神
　　　　　　　在嘲笑另一个神！
　　　　　　　向所有的恩典表示敬意，
　　　　　　　害怕每一种伤害。

204 第四位应该是思想者，这是具有歌德情调的特点。如果最高原则是“情感就是一切”，那么思想就不得不忍受于待在一个非常小的部分并被掩盖住。《浮士德》（第一部）描述了这个发展过程。既然歌德充当的是他自己的模型，那么思想就成为第四种（禁忌）功能。由于它受到无意识的污染，因此它呈现出众卡比洛斯的奇异形式，因为作为小矮人的众卡比洛斯是阴间的神祇，所以是奇形怪状的。（“我把他们称为用普通泥土制

1　希腊神话中的精灵，传说是铁的发现者和最早的加工者。——中译注

作的大肚皮的小玩意。”）因此他们以奇异的形象出现，与天堂的诸神形成对比并且取笑他们（参见“上帝的类人猿”）。涅瑞伊得斯和特里同唱道：

本来应该有七位。

女海妖们：　那三位在哪里呢？

涅瑞伊得斯和特里同：　我们无法回答你的那个问题。
你可以到奥林匹斯山上去询问
第八位也居住在那里
没有人会想到他！
他们给我们带来恩典
但还没有做好准备。
这些，不可比拟的存在，
奋力地，没有休息地，
追求那高
不可攀的探求！

205　我们获悉，他们“确实”有七八个之多；但是再说一遍，就像以前对付第四种那样，对付第八种也有一定的困难。同样地，这与之前强调的他们在黑暗中的低级起源相矛盾，现在看来，众卡比洛斯实际上可以在奥林匹斯山上找到，因为他们永远在力求从深处向高处进发，所以必然可以在下方和上方找到。那种“森严的意象”显然是一个奋力追求光明的无意识内容。它寻求的是，而且它本身就是，我在其他地方所说的“难以获得的宝藏”[1]。这个假设立刻便得到了证实：

女海妖们：　　上古的英雄们
正在追求荣耀
无论多么辉煌灿烂——
当他们经过漫长的寻找，
终于找到了金羊毛：
那就是你，众卡比洛斯。

206　“金羊毛”是商船队渴求的目标，是危险的追求，它是获得不可获得之物的无数同义词之一。泰勒斯（Thales）对此做了一个明智的说明：

这确实是人在地球上最想要寻找的东西：
正是这种铁锈本身才赋予了硬币以价值！

1 Jung，429.

207 无意识必然是油膏中的苍蝇，是完美的事物中不为外人所知的家丑，是向所有理想主义声明发出的痛苦谎言，是依附于我们人类本性并悲哀地遮蔽我们渴求水晶般清澈之物的物质现实。在炼金术看来，铁锈，就像铜绿一样，是金属的疾病。但与此同时，这种类似麻风病的东西又是真正的原初物质，是为哲学的金子做准备的基础。《哲学玫瑰园》说道：

> 我们的金子不是普通的金子。而是你一直在寻求的绿色（viriditas，很可能就是铜绿），考虑到铜身上所具有的那种绿，可以认为铜就是患有麻风病的身体。所以我对你们说，在铜身上完美的东西就只有那种绿，因为那种绿才能被我们的工匠们直接变成我们最真实的金子。[1]

208 泰勒斯的这个自相矛盾的说法，即铁锈本身才赋予了硬币以价值，是一种炼金术式讥讽，说到底这只不过是说，若没有阴影就没有光明，若没有不完美就没有心理的整体性。为了使自己获得圆满，生命寻求的就不是完美，而是完善；为了达到这一点，就需要“在肉中长角”，忍受缺陷之痛苦，若没有这种痛苦，就不可能有进步，也不可能上升。

209 歌德在这里已经解决了的那个关于三和四、七和八的问

1 2, xii, p.220：引自西尼尔的一段语录。“viriditas”有时也被称为万应灵药（azoth），后者是哲人石的无数同义词之一。

题，对炼金术来说却是一个很大的难题，并且在历史上可以追溯到被认定为是克里斯蒂亚诺斯(Christianos)[1]所写的文章。在那篇关于生产“虚构的水”的文章中：“因此希伯来的那位女先知无所顾忌地呼喊着，‘一变二，二变三，从三中产生出作为四的一’。”[2]在炼金术的文献中，这位女先知被认为是玛利亚·普罗费提莎(Maria Prophetissa)[3](图78)，也被称为犹太女人，摩西的姐姐，或科普特人，若说她和诺斯替教传统的玛利亚(Maria)有联系也并非不可能。埃皮法尼乌斯(Epiphenius)证明了确实有这个玛利亚写过的作品，即《论伟大》(“Interrogationes magnae”)和《论渺小》(“Interrogationes parvae”)，据说这些作品描述了一种幻象，即耶稣基督怎样在一个山上使一个女人从他身边出现，以及怎样使自己与她交往。[4]在这篇由玛利亚撰写的文献中，其与哲学家阿洛斯(Aros)[5]进行的一次对话探讨了关于“炼金术婚配”(matrimonium alchymicum)

---

1 根据贝特洛的观点(336, p.100)，那个被称为克里斯蒂亚诺斯的匿名作者是和亚历山大的斯特凡诺斯(Stephanos)同一个时代的人，因此必定生活在大约7世纪初。

2 参见Berthelot, 335, VI, v, 6。这种几乎野兽般的尖声喊叫针对的是一种心醉神迷的状况。

3 一篇据说是她写的论文，题目是“玛利亚·普罗费提莎的炼金术实践”(Practica Mariae Prophetissae in artem alchemicam), 2, vii。

4 参见*Panarium*, 154, XXVI。关于与玛丽安娜(Mariamne)以及与《比斯替苏菲亚书》(*Pistis Sophia*)中的抹大拉的玛利亚(Mary Magdalene)更多可能的联系，请参见Leisegang, 448, pp.113f.; Schmidt, 498, pp.596ff。

5 参见Berthelot, 335, I, xiii：或许是关于玛利亚对话的一个较早期版本。人们容易把伊西斯和玛利亚相混淆。

图78　女先知玛利亚。在背景中：上与下的统一体(化合)。引自Maier，*Symbolae aureae mensae*，222，II，卷首插画。

的主题，从中诞生出人们后来经常重复的一种说法，即“如胶似漆才是真正的婚姻”[1]，这很可能并非偶然。最初它可能是“阿拉伯树胶”，由于其黏性，在这里被用作转换物质的一个神秘名字。所以，例如昆哈特就宣称，这种“红色的”树胶就是“智者的树脂”——转换物质的一个同义词。[2]和生命力(vis animans)一样，这种物质被另一位解释者比作“世界之

1　2，vii，p.320.

2　*Von hylealischen Chaos*，207，pp.239f.

胶"(glutinum mundi)，它是心与身以及两者的结合之间的媒介。[1]那篇古老的文献《智慧的化合》("Consilium coniugii")解释说，"哲学的人"是由"石头的四种性质"组成的。其中三种是泥土的或者在泥土之中，而"第四种性质是石头中的水，即那种有黏性的金子，它被称为红色树胶，三种泥土的性质就是以此来染色的"。[2]我们在这里获悉，树胶是重要的第四种性质：它是双性的，既是男性也是女性，同时也是唯一的水银之水(aqua mercurialis)。所以这两者的结合是一种自体受精，人们常常会认为这是那条易变的龙的特点。[3]从这些暗示中可以很容易地看出这个哲学的人究竟是谁：他就是雌雄同体的原始人或诺斯替教的原人[4](参见图64、图82、图117、图195)，在印度与它相类似的是"神我"(purusha)。《广林奥义书》(*Brihadaranyaka Upanishad*)在谈到他时说："他就像是一对拥抱着的男女那么大。他把他的灵魂(atman)分成两个，丈夫和妻子便由此而生。他使自己与她相结合，人就被生出来"，等等。[5]这些观点的共同起源存在于涉及双性原始人的原始概念

---

1 7, xxii, p.368.

2 1, iv, pp.247, 255.

3 一位评论者在以下诗句中非常恰当地总结了这篇论文的精华："玛利亚表现出短暂的惊异，因为这就是她怦然心动的那些东西啊。她用双倍树胶固定住了跑到底部的东西。……冥王普路托的这个女儿把爱的亲密关系结合起来，喜爱被这三者播种、烘烤并聚集在一起的一切东西。"

4 参见我对帕拉赛尔苏斯的"Adech"的解释，424, par.238(424a, pp.139f)。

5 1. 4. 3.(Cf. 471, part Ⅱ, pp.85—86.)

之中。

210 我们再回到《智慧的化合》这个文本中去：第四种性质直接导致了代表人的整体性的原人这种观念，即统一的存在这个概念，它在人类之前就存在了，同时也代表人的目标。作为第四种性质的一加入到三之中，从而在一个统一体中产生四的综合（图196）。[1]我们似乎是在探讨与七和八的案例中完全相同的东西，尽管这个主题在这个文献中不太经常出现。我们可以在帕拉赛尔苏斯的《天文学另解》（*Ein ander Erklärung der gantzen Astronomey*）中发现它，歌德曾读过这本书。[2]“一很强大，六是主体，八也很强大”——而且比第一个还强大。一是国王，六是他的仆人和儿子；所以在这里我们便有了太阳这个国王和六颗行星或金属矮人，正如亚努斯·拉齐尼乌斯（Janus Lacinius）以佩特鲁斯·博努斯（Petrus Bonus）的文本为基础，在1546年编写的《奇珍新珠》（*Pretiosa margarita novella*）中所描述的那样（图79）。[3]实际上第八个并没有在这个文本中出现；帕拉赛尔苏斯似乎是自己发明了这个概念。但是，由于第

1 参见“Allegoriae sapientum”（XIV），其中有一个大相径庭的系统阐述：“一，它是二；二，它是三；三，它是四；四，它是三；三，它是二；二，它是一。”这显然代表一的四等分（tetrameria）和四在一中的综合。参见7，xxvi，p.86。

2 *Dichtung und Wahrheit*，393.

3 126，Folio，VIIIv。水银之水的特点在这里表现为“白葡萄酒和透明液体”（Bacchi candens et limpidus humor）。国王和儿子在这个操作中被结合起来，所以最后留下来的只有新生的国王和他的五个仆人。六（senarius）只在后来的炼金术中发挥过适度的作用。

图79 太阳国王和他的六个行星—儿子。引自Bonus，*Pretiosa margarita*，126。

八种比第一种更加“强大”，所以皇冠很可能要戴在他的头上。在《浮士德》中，居住在奥林匹斯山上的第八个直接参考了帕拉赛尔苏斯的这个文本，因为它描述了“奥林匹斯山上的占星家”（Astrologus Olympi，这里指的是星体的结构）。[1]

211 现在回到我们的梦中，我们在这个关键点上（第七或第八层）发现了那个红头发的人，这是那个“留着山羊胡子的人”的同义词，因此也是那个狡猾的靡菲斯特的同义词，他魔幻般地改变了这个场景，因为他关心的是浮士德自己从未见过的东

1 Huser，193，I，p.503.

西：那个“森严的意象”，象征着最高的宝藏、不朽的自性。[1]他把自己变成了士兵，统一性和集体意见的代表，天然就反对容忍任何“不合适的”东西。因为，根据最高权威的看法，根据集体意见，数字三和七是神圣的；但四和八是邪恶的——“普通的泥土！”——根据权威的严格判断，是一种没有权利存在的东西。“左派”要被“完全压制住”，意指无意识和由其产生的所有“凶恶的”东西。毫无疑问，这是一种陈旧的观点，一种使用陈旧方法的观点；但是甚至前装枪（muzzle-loader）都能击中这个目标。由于未知的原因，即没有在梦中说明，对“中心”的毁灭性攻击（根据忠告，人的眼睛必须总是转向这个中心）草草结束。在纸条边上的画中，这个中心被描绘成有八根辐条的轮盘（参见图80）。

23. 梦境：

212 在那个正方形的空间里。梦者正坐在那个陌生女人的对面，可以认为他正在画画。但是，他画的不是一张脸，而是三叶草，或者以四种不同颜色画成的扭曲的十字架：红色、黄色、绿色和蓝色。

1 《浮士德》，第二部。那些天使在欺骗了魔鬼之后，就把浮士德“不朽的部分”带到了天堂。在更早的那个版本中，这是“浮士德的圆满实现”（Faust's entelechy）。

图80　墨丘利乌斯转动着有八根辐条的轮盘，轮盘象征着这个过程。他另一只手拿着激情之矛（telum passionis）。引自“Speculum veritatis”（手稿，17世纪），20，liii。

213　和这个梦相联系，梦者自发地画了一个圆，上面有四个方位，用上述四种颜色为它着色。那是一个有八根辐条的轮盘。在中间有一朵长着四片花瓣的蓝色花朵。之后梦者又在较短的时间间隔内相继画出了很多幅画，内容都涉及那个奇妙的“中心”结构，都来源于梦者需要发现一个可以适当地表达这个中心之性质的结构。这些绘画部分地基于视觉印象，部分地基于直觉，部分地基于梦境。

214　值得注意的是，轮子是炼金术中代表循环过程的一个合适的象征。其意思首先是上升和下降，例如，鸟的起落象征着蒸汽的沉淀物。[1]其次，宇宙的旋转是这项工作的一个模型，因此

1　参见转换物质在《翠玉录》（“Tabula smaragdina”）中的活动（5，ii）。

也是这项工作发生的年代循环。炼金术士并没有觉察到这种旋转（rotatio）与他画的圆圈之间的关联。当代关于轮子的道德比喻强调，上升和下降是上帝下降到人间，人类上升到神界。根据圣伯纳德（St. Bernard）的一个关于布道的权威观点："通过他的下降他为我们确定了一种快乐和有益于健康的上升。"[1]再者，轮子也表示对这项工作至关重要的美德：持之以恒、服从、谦恕、公平以及谦卑。[2]再说一遍，关于轮子的神秘联想在雅各布·伯麦（Jakob Böhme）那里发挥的作用可不小。和炼金术士们一样，他也援引了《以西结书》（*Ezekiel*）中的宇宙之轮："所以我们发现，宗教精神的生活转身向内面向它自己，自然的生活转身向外面对它自己。因此我们可以把它比作一个可以到处滚动的圆形的轮子，正如《以西结书》中的宇宙之轮所表示的那样。"[3]他继续解释说："自然之轮是从外向内转向它自己的；因为上帝就居住在他自己之内，而且有这样一个人物形象，并不是说能够把它画出来，而只是一种自然的类似，就像上帝以这个世界的形象描绘其自身一样；因为上帝在每个地方都是完整的，所以其居住在他自身之内。注意：更外部的轮子是星辰的黄道十二宫，之后才出现七颗行星"，等等。[4]"虽然

1 "Suo nobis descensu suavem ac salubrem dedicavit ascensum."

2 Picinelli，266，可参见关于旋转的相关解释。

3 "Vom irdischen und himmlischen Mysterium"，124，Ch. V，1f.

4 *Von dem dreyfachen Leben*，123，Ch. IX，58f.

对这个人物的塑造不够充分，但它是一种沉思：我们可以把那些不太理解的沉思在一个大圆圈上很好地画下来。因此请注意，欲望是发自内心地转向它自己，这就是上帝”，等等。但是伯麦的轮子也是永恒意志的“印象”，用炼金术的术语来说，就是“概念”(informatio)。它具有母亲的性质，或母亲的“心灵(Gemüth)，她是在那里持续不断地创造和工作的；那些有着行星之轮的星辰模仿了永恒的星球(astrum)模型，这个永恒的星球只是一种精神，以及一种存在于上帝智慧之中的永恒心灵，意即，永恒的性质，而永恒的精神就是在那里形成，并且成为一种创造性的存在”。[1]轮子的这种“性质”是以“四个地方行政官”的形式表现出来的**生命**，她“以赋予生命的母亲的名义实施统治”。这些地方行政官就是四种元素，“心灵的轮子，意即星球，把意志和欲望赋予了这四种元素；因此，这个整体的实质就只不过是一件东西，就像人的心灵那样。正如他在灵魂和身体之中一样，这个整体的实质也是如此”，因为他就是作为和这个“整体实质”相似的东西而被创造出来的。不过在她的四种元素中，其性质也是一个与灵魂联系在一起的整体实质。[2]这个“硫黄之轮”是善与恶的起源，或者相反，它引导我们进入善与恶之中，又远离其中。[3]

1 Böhme, *De signatura rerum*, 121, Ch. XIV, 15.

2 Ibid., 16.

3 Ibid.

215 伯麦的神秘主义深受炼金术影响。因此他说:“其诞生的形式就像是一个旋转的轮子,这是墨丘利乌斯用硫黄制作的。”[1]这个“诞生”出来的孩子就是“金童”(哲学之子,即圣子的原型[2]),“这件作品的主人”就是墨丘利乌斯。[3]墨丘利乌斯本人是以蛇的形式表现出来的“暴躁的实质之轮”。同样的,那个(未经启蒙的)灵魂就是“这样一个暴躁的墨丘利乌斯”。当伏尔甘(Vulcan)[4]从上帝那里“分离出来”时,他就在灵魂之中点燃了这个暴躁的实质之轮;欲望和罪孽便由此而来,欲望和罪孽就是“上帝的愤怒”。因此灵魂就像“暴躁的蛇”一样是一条“蠕虫”(worm),一条“幼虫”和一头“怪兽”。[5]

216 伯麦对轮子的解释揭示了与炼金术的神奇奥秘有关的一些东西,因此在这一方面以及从心理学的观点来看,这是相当重要的:轮子在这里看起来像是一个整体性概念,它是曼荼罗象征作用的实质,因而包括**罪恶的奥秘**(mysterium iniquitatis)。

217 所有这一切都旨在表明,无意识一再强行施加到意识心灵中的“中心”这个概念,正开始在那里获得稳固地位,并且施加某种独特的魅力。下一幅画还是和蓝色的花朵有关(参见图

1 Böhme,121,28.

2 Jung,434.

3 Böhme,121,Ch. IV,26.

4 罗马神话中的火与锻冶之神。——中译注

5 Böhme,*Gespräch einer erleuchteten und unerleuchteten Seele*,122,11—24.

85)，但这次分成了八个；之后是四座大山围绕着一个火山口形成的湖泊的图画，一个红色的环放在地上，还有一棵干枯的树立于其中，一条绿色的蛇绕着它（参见图13）向左侧环行。

218 外行的人可能会对严肃地关注这个问题而深感困惑。但是，稍微有一点关于瑜伽和中世纪哲人石的知识，就会十分有助于理解。正如他已经说过的，用正方形把圆框起来是生产哲人石的方法之一；另一种方法是使用**想象**（imaginatio），正如下面这篇文章准确无误地证明的那样：

> 请小心，把你的门紧紧地关闭好，这样里面的人就不可能逃跑，而且（按照上帝的意愿）你将达到目标。大自然会逐渐地实施她的操作；而且也一定会让你做同样的事情：就让你的想象完全受本性指导吧。根据本性来进行观察，通过本性物质就可以在泥土制作的碗里使自己获得再生。请用真实的而不是用虚幻的想象来对此进行想象吧。[1]

219 “密封的器皿”是炼金术中经常提到的一个预警规则，而且等同于那个魔圈。在这两种情况下，该观念都是为了保

1 *Rosarium*, 2, xii, p.214.

护内部的东西免受外部东西的入侵和混合，也为了防止它跑掉。[1]在这里可以把“想象”理解为创造意象的那种真实的和毫不夸张的力量：这个词的古典用法可以和幻想（phantasia）形成对照，后者的意思只不过是指在并不实际的想法这个意义上的“空想”、“理念”或“预感”（Einfall）。在《萨蒂利孔》（*Satyricon*）中这种内涵更是得到了加强：“Phantasia non homo”[2]在文中意指“滑稽”。想象是根据本性对（内部）意象的积极唤起，是思想或构思的一种本真的行动，它并不是要把没有目的和基础的幻想编造成“无影无踪的东西”，也就是说，并不是想要玩弄其对象，而是试图要把握这些内部事实，并且在符合其本性的意象中描述它们。这种活动就是一个过程，一项**工作**（opus）。我们不能把梦者应对其内在体验对象的方式称为除了工作之外的任何其他事情，请考虑一下，他是多么认真、准确和小心地记录与阐述现在正强行进入其意识的内容啊。任何一个熟悉炼金术的人都可以明显地看出它与炼金工作的相似性。另外，这种相似性是通过梦本身而产生出来的，正如后文中第二十四个梦境将要表明的那样。

220 现在这个梦（即上面提到的那些绘画的源头）并没有表现出“左侧”以任何方式受到压制的迹象。相反，梦者发现自己

1 *Rosarium*, p.213：“那些并非来自它（那块石头）的东西，绝不可能进入它之中；因为，如果有任何新异的东西添加到它之中，它就会立刻被损坏。”

2 Petronius, 260, par.38.

再次处在神圣围地之中，面对那个陌生的女人，她体现的是第四种功能或“劣势”功能。[1]他的画已经被这个梦预见到了，这个梦以拟人化的形式提供给梦者的东西，作为一种抽象的表意符号而得以再现出来。这完全可能是一种暗示，拟人化的意思是对某物的象征，这个事物可以很容易地以另一种形式表现出来。这个“另一种形式”指的是第一个梦系列的第十六个梦中的纸牌梅花A（第98自然段），在那里我们强调要把它与不规则的十字相类比。这种类比在这里得到了证实。我想把当时那种情境做如下阐述：基督教的三位一体，但做了改变，上了颜色，或者被四（种颜色）所遮蔽。这些颜色现在看起来像是四元（圣四）的具体化。《哲学玫瑰园》引用了来自《论黄金》的一个类似的说明：“那只秃鹫[2]……大声地宣告：我是白色和黑色的，也是红色和黄色的。”[3]另一方面，它强调，哲人石在其自身之中与所有的颜色相结合。我们由此可以认为，这些颜

1 制作哲人石的处方引自赫尔墨斯的《哲学玫瑰园》（2，xii，p.317）：“儿子，从光束中抽取出它的阴影（umbra）：然后取出其中的第四部分，即，发酵的那一部分和不完善物体的三部分”，等等。关于“阴影”（2，xii，p.233）：“这门艺术的基础是太阳及其阴影。”（参见图81）上述内容仅是《哲学玫瑰园》对《论黄金》所表达内容之概括，并没有完全引用原文的文字。

2 参见第五十八个梦境，第304自然段。炼金术的秃鹫、雕和乌鸦基本上都是同义词。

3 这个引自赫尔墨斯的语录同样是一种武断的看法。这段话在字面上是这样写的：“我是黑色的白色，白色的红色，红色的黄色，我说的肯定是真理。”以此用四种颜色表达了三种意思，这与霍尔图拉努斯（Hortulanus）把四种性质和三种颜色归因于哲人石的说法形成对照（参见5，iii，p.372）。

色所代表的四位一体是一种初始阶段。这一点已被《哲学玫瑰园》(2, xii, pp.207—208)所证实:“我们的石头来自四种元素。”(参见图64、图82、图117)在《哲学玫瑰园》中,对于“哲学的金子”也说过同样的话:“四种元素以同样的比例被包含在金子之中。”(2, xii, p.208)事实是,梦中的这四种颜色也代表从三位一体向四位一体的转变,即转变为用正方形把圆框起来

图81 “地球在黑暗与光明的中间”(Sol et eius umbra)。引自Maier, *Scrutinium chymicum*, 221, Emblema XLV, p.133。

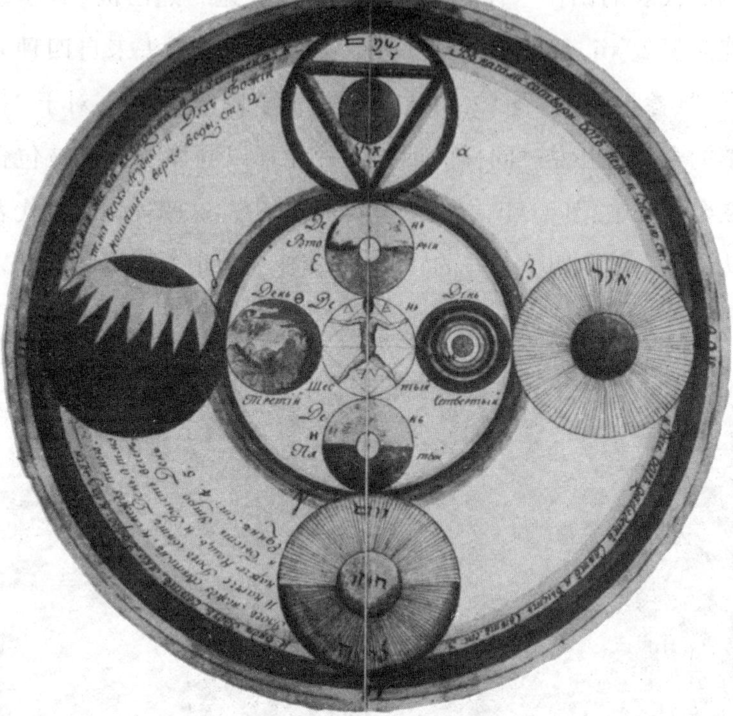

图82　与四种元素联系在一起的原人。引自一份18世纪的俄国手稿（私人收藏）。

（参见图59、图60），根据炼金术士们的观点，由于它是圆形的或具有完善的简单性，所以这个图形最接近于哲人石。因此，雷蒙德（Raymundus）提出了为制作哲人石做准备的一种诀窍，他说：

> 利用那个最简单的圆形物体，而不要利用除圆形之

外的三角形或四角形，因为圆形比三角形更接近简单性。所以，值得注意的是，一个简单的物体是没有角的，因为它是行星中的第一个和最后一个，就像太阳在群星之中一样。[1]

24. 梦境：

221 两个人正在谈论水晶，尤其是谈论一种钻石。

222 在这里我们几乎不可避免地会想到哲人石。实际上这个梦揭开了历史背景，并且表明，我们确实是在应对那个令人垂涎的哲人石，那"难以获得的宝藏"。梦者的工作就等于是在无意识地概述赫尔墨斯哲学所付出的努力。（更多关于钻石的内容可参见下述第三十七、第三十九和第五十个梦境。）

25. 梦境：

223 这个问题与建造一个中心点有关，并且通过反思这个中心点而使这个图对称。

224 "建造"这个词指的是炼金工作的综合性特点，也指耗费了梦者能量的艰苦的建造过程。"对称"是对第二十二个梦境

1 2, xii, p.317.

中冲突（“完全压制住左侧”）的回答。每一侧都必须使作为其镜像的另一侧完全保持平衡，这个图像是要落在“中心点”上的，这显然具有反思的性质——它是一块玻璃（vitrum）[1]，一块水晶或一片水（参见图209）。这种反思的力量似乎是对哲人石、哲学的金子、长生不老药、我们的水等潜在观念的另一种暗指（参见图265）。

225 正如“右侧”表示意识世界及其原则一样，通过“反思”就可以把这幅世界图画转向左侧，从而产生一个相对应的镜像世界。同样，我们完全可以说：通过反思，右侧看起来就像是左侧的颠倒。所以左侧似乎像右侧一样有效；换句话说，无意识及其（因为大部分都是不可理解的）秩序就变成了与意识心灵及其内容相对称的对应物，虽然我们还不太清楚，它们的哪一部分是被反思的，哪一部分是进行反思的（参见图55）。把我们的推理再向前推进一步，我们可以认为这个中心就是两个世界的交叉点，这两个相对应的世界由于反思而互为镜像。[2]

226 所以，创造一种对称的观点就表示，接受无意识并把它结合到一幅普遍的世界图画之中这项任务达到了某种顶点。无意识在这里表现出一种“宇宙的”特点。

---

1 Ademarus, 2, xii, p.353：“但是（这块石头）既不能熔化，也不能穿透，更不能混合，而是被制造得像玻璃一样硬。”

2 有一些非常有趣的与此相似的心灵学的（parapsychological）东西，但是我不能在这里对它们进行讨论。

26. 梦境：

227 现在是夜晚。天上闪烁着星光。一个声音说道："现在要开始了。"梦者问道："开始什么？"于是这个声音回答说："旋转可以开始了。"这时一颗流星画了一道奇特的向左的弧线降落下来。画面改变了，梦者在一个相当肮脏的娱乐场所里。那个老板，看起来像个无耻的骗子，正和一些看上去脏兮兮的姑娘们在一起。发生了一场关于左和右的争吵。这时梦者起身离开，坐在一辆出租车里绕着一个广场的四周转起来。然后他又在小酒馆里了。老板说："他们说的那些关于左和右的话并不能使我感到满意。难道人类社会真的有所谓左和右这类事情吗？"梦者回答说："左的存在和右的存在并不矛盾。它们在每一个人身上都存在着。左是右的镜像。每当我产生那种感受的时候，我就和我自己达成一致。人类社会既没有右边也没有左边，而只有对称的和不对称的人。不对称的人是那些只能实现他自己的某一侧面的人，要么左侧要么右侧。他们仍然处在童年状态。"老板沉思地说道"现在好多了"，然后就去忙他的生意去了。

228 我已经把这个梦全部呈现出来了，因为它是一个绝妙的例证，来证明在上一个梦中所暗示的观念是怎样被梦者采纳的。对称均衡的观念被剥夺了其宇宙的性质，并被转换成为心理学的术语，以社会象征的形式表现出来。对“右”和“左”的使用几乎就像是政治口号。

229 但是，这个梦的一开始仍然具有宇宙的样子，梦者注意到，流星的那道奇特弧线与他在描绘那有着八个花瓣的花朵时所绘画的那条线完全对应（参见对第二十三个梦境的评论）。这条弧线形成了花瓣的边缘。所以，可以说流星追逐的是遍布星际苍穹的一朵花的轮廓。现在开始的是光的循环。[1] 这朵宇宙之花与但丁《神曲：天堂篇》（*Paradiso*）中的玫瑰大体相当（图83）。

230 某种经验的宇宙性质（作为只有在心理学上才能理解的某一内部事件的一个方面）是很令人讨厌的，而且立刻就会引起“来自下方”的某种反应。显然，宇宙的这个方面实在太高了，要在向下的意义上进行补偿，这样对称就不再是两幅世界图画的对称，而只是人类社会的对称，实际上是梦者自己的对称。当那位老板在心理学意义上说他“好多了”的时候，他是在做出一种评价，其结论应该是：“但仍然还不够好。”

231 在小酒馆里开始的那场关于右和左的争吵，是梦者被要求去识别这种对称的时候在他自己身上爆发出来的冲突。他无法识别这种对称，因为另一侧看上去如此可疑，以致他宁愿不

1 参见pars.245f.，258f.；以及Wilhelm and Jung，530a，passim。

图83　但丁在天国的玫瑰里接受上帝的引导。引自但丁的《神曲：天堂篇》；参见Codex Urbanus Latinus 365（15世纪），20，xlvi。

对它进行太仔细的研究。这就是那种魔幻般的环行(即驾车围着广场转)的原因:他不得不停留在里面,并学会面对他的镜中意象,而不是逃走。他尽其所能地做这件事,尽管并不像另一侧所希望的那样。所以这是对其价值的多少有些冷淡的再认识。

27. 幻象:

232 一个圆圈中间有一棵绿色的树。在这个圆圈里一场激烈的战斗正在野蛮人之间展开。他们并没有看到那棵树。

233 右和左之间的那种冲突显然还没有结束。它之所以仍在持续,是因为野蛮人仍然处在"童年时代",因此是"不对称的",他们只知道要么是左,要么是右,而不知道还有一个第三方位于这种冲突之上。

28. 幻象:

234 一个圆圈:在其内部,有一些向上的台阶可以到达一个池子,里面有一个喷泉。

235 当某种状况由于缺乏无意识内容的某一基本方面而令人不满时,无意识过程就会回归到其更早期的象征,就像此处的这种情况一样。这种象征可以追溯到第十三个梦境(第154自然段)，在那里我们遇到了哲学家的曼荼罗花园，里面有“我们的水”的喷泉(图84；也请参见图25、图26、图56)。圆圈和池子强调的是曼荼罗，中世纪象征作用的玫瑰。[1]“哲学家的玫瑰园”是炼金术最喜欢的象征之一。[2]

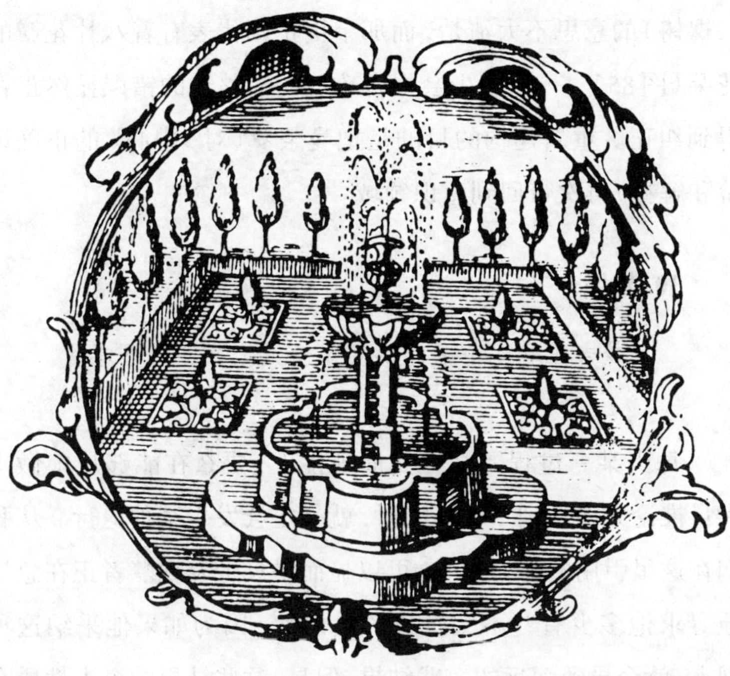

图84　在四面有墙的花园里的喷泉，象征着相反的坚持(constantia in adversis)，一种具有炼金术之独到特点的情境。引自Boschius，*Ars symbolica*，127，Symbol. CCLI，Class. I，Tab. XVI。

1　Cf. Valli，519.

2　“Rosarius minor”，5，i，p.309.

29. 幻象：

236 一束玫瑰花，然后是符号丰，但应该是✳。

237 玫瑰花束就像是扇形展开的喷泉。第一个符号（可能是一棵树）的意思不太清楚，而那个更正则代表有着八片花瓣的花朵（图85）。一个多少会损害玫瑰的完整性的错误显然正在得到纠正。重新建构的目的是把曼荼罗（对“中心”的正确评价和解释）再次带回到意识领域。

30. 梦境：

238 梦者正和一个黑暗的陌生女人坐在一张圆桌旁。

239 每当某一过程要么在其清晰性上，要么在能够从中做出大量推论方面达到一个高峰时，就一定会发生某种退行。从我们在这里引用的那些梦中，可以显而易见地发现梦者正在急切地寻求他多少有些不太赞成的整体性；因为如果他采纳这种观点，就会导致深远的实践结果，但是，这些结果的个人性质在我们的研究范围之外。

240 圆桌意象指的还是整体性的圆圈，阿尼玛是作为第四种功能的代表而出现的，尤其是以其“黑暗的”形式出现，当某件事情变得具体化，即，就要被转换，或者威胁要把自己转换成为现实的

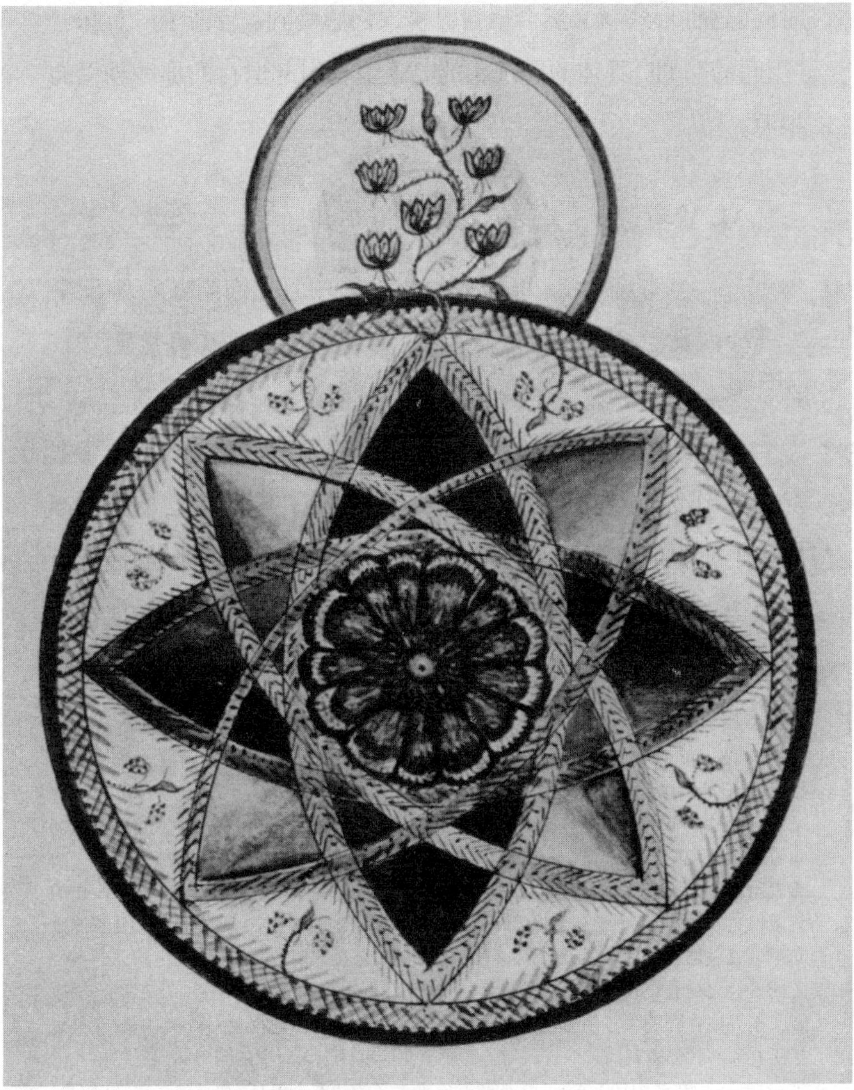

图85　有着八片花瓣的花朵就是第八个或七个中的第一个。引自“Recrueil de figures astrologiques”（手稿，18世纪），20，xli。

时候，这种形式就必然会使自己被人们感受到。“黑暗的”意味着“阴间的”，即，具体的和现实的。这也是引起退行的那种恐惧的根源。[1]

31. 梦境：

241 梦者正和一个看上去很不高兴的男人坐在一张圆桌旁。桌子上有一个玻璃瓶，里面装满了凝胶状的物质。

242 这个梦是上一个梦的进展，在上一个梦中，梦者已经把“黑暗”作为他自己的阴暗面来接受，进而在一定程度上可以产生一个属于他个人的真正的“阴影”。[2]这样，投射到阿尼玛身上的道德劣势就被解除了，阿尼玛也能发挥其恰当功能了，这就是

1 “Symbola Pythagore phylosophi”（Ficino，160，Fol. X，III）：“勿用手触摸有黑色尾巴的东西，因为它属于土地神。”

2 虽然本研究的主题不允许对梦的心理学进行全面讨论，但我必须对这一点做几句解释性的说明。一起坐在一张桌子旁的意思是关系，被联系，或“被放在一起”。圆桌表示那些人为了整体性这个目的而被聚集在一起。如果阿尼玛这个人物（拟人化的无意识）被从自我意识中分离出来，从而成为无意识的，这就意味着，在自我和曼荼罗之间镶嵌着一层孤立的个体无意识。个体无意识的存在证明，真正能够成为意识的某个人的本性之内容正在毫无理由地被保持在无意识之中。这样，就有了一个不恰当的或者甚至并不存在的关于阴影的意识。这个阴影与某一消极的自我人格相对应，并且包括所有那些我们感到痛苦而且后悔的性质。在这里作为无意识的阴影和阿尼玛相互污染，这是一种在梦中用“婚姻”之类的意象来表征的状态。但是，如果阿尼玛（或阴影）的存在被接受或理解，这些人物随即就会发生分离，就像我们那位梦者所发生的事情那样。因此可以认为阴影属于自我，而阿尼玛则不属于自我。

创造性。[1]这很可能是以那个里面有其独特内容的玻璃瓶子为表征的,我们和梦者一样,可以把这种内容比作第十八个梦境(第183自然段)中那种未分化的生命团。这时它就成为一个把原始的动物本能逐渐转换成某种人类的东西的问题。这样我们就可以期待在这里会发生某种事情,因为看起来仿佛这种内部的螺旋式发展已经再次旋转到同一个点,尽管位置比以前更高。

243 那个玻璃瓶子与炼金术的一种器皿相对应(图86),其内容与那种活生生的、半有机的混合物相对应,拥有精神和生命的哲人石将从这种混合物中产生出来——好比那个在《浮士德》中三次出现的,会在火焰中燃尽自身的奇怪的人物形象:那个驾驶马车的男孩,那个冲击伽拉忒亚(Galatea)宝座的人造人(Homunculus),以及欧福里翁(所有这些人物都象征着无意识中那个"中心"的分解)。我们知道,哲人石并不只是一块"石头",因为现在已经明确它是由"动物、植物和矿物"组成的,而且是由身体、精神和灵魂组成的(*Rosarium*, 2, xii, p.237),另外,它是从肉体和血液中成长起来的(p.238)。由于这个原因,(《翠玉录》中的)赫尔墨斯说:"风把它携带在肚子里。"(参见图210)由此可见,"风就是气,气就是生命,生命就

1 参见我在演讲"集体无意识原型"(The Archetypes of the Collective Unconscious)中就阿尼玛的功能所说的话(421或421a)。在赫尔墨斯的论文《论人的灵魂》(179)中,她被称为"(关于永恒的)最高的解释者和最接近的监护人",这恰当地表明,她的功能特点是意识与无意识之间的中介。

图86　炼金术用于蒸馏的器械，一种缠绕着(双重)墨丘利乌斯蛇的器皿。引自Kelley, *Tractatus de Lapide philosophorum*, 205, p.109。

是灵魂”。“石头就是在完善和不完善的身体之间的那个东西，而且要通过炼金术完善其自身的性质”(2, xii, p.236)。这块石头就“被命名为不可见的哲人石”(p.231)。

244　这个梦对应的问题是，赋予这个中心以生命和现实，即，把它生出来。这种诞生可以从一种不规则的物质中产生出来，这个观点和炼金术关于原初物质是由生命的种子孕育而成的一种没有形状的混沌物质(massa informis)这个观念相类似(参见图162、图163)。正如我们已经看到的，阿拉伯树胶和胶水的性质都可以归因于它，或者再次把它称为黏胶(viscosa)或油膏(unctuosa)。用帕拉赛尔苏斯的话来说，“念珠蓝细菌”(Nostoc)就是神秘物质。虽然现代关于营养土、胶状养料等概念构成了梦者“凝胶状物质”的基础，但它与更古老的炼金术观点的联系仍然存在着，虽然这些联系并非有意识存在的，但确实对象征的选择产生了强有力的无意识影响。

32. 梦境：

245 梦者接到了一个陌生女人的来信。她写信说，她的子宫很痛。有一幅画附加在这封信里，看上去大体上像是这个样子的：[1]

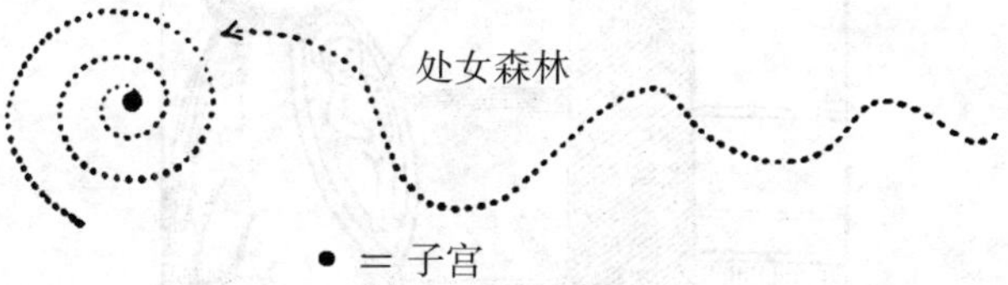

在那片原始森林里有成群的猴子。接着一个关于白色冰川的场景展现出来。

246 阿尼玛报告说，在那个创造生命的中心正经历着一些痛苦的过程，在这个案例中，中心不再是装有生命团的“玻璃瓶子”，而是一个被称为“子宫”的点，所以那个螺旋状的东西认为它是借助于一个环行而到达那里的。不管怎么说，那个螺旋状的东西强调的是中心，因而就是子宫，它是经常被用作炼金术器皿的一个同义词，正如它也是东方曼荼罗的基本意思之

1 子宫是中心，是赋予生命的器官（图87）。那块石头就像圣杯一样，其本身就是创造性的器皿，是长生不老药。它被那个螺旋，即意味着间接接近的象征所包围。

图87　圣母玛利亚是圣子的器皿。引自*Rosario dela gloriosa vergine Maria*，62；参见Inman，417，p.62。

一一样。[1]指向器皿的那条蛇形线类似于阿斯克勒庇俄斯的那条治病的蛇（参见图203、图204），也类似于湿婆神的密教哲学

1　曼荼罗的中心与印度莲花的花萼相对应，是诸神的座席和诞生地。它被称为莲花，具有女性的意义。在炼金术中，器皿常常被理解为“孩子”发源之地的子宫。在圣母德叙祷文中，曾有三次把圣母玛利亚称为“器皿”［“妙神之器”（vas spirituale）、“荣耀之器”（honorabile）和“奉献之器”（insigne devotionis）］，在中世纪的诗歌中她被称为“大海的花朵”并庇护着耶稣基督（参见第三十六个梦境）。圣杯（图88）与赫尔墨斯的器皿密切相关。沃尔夫拉姆·冯·埃申巴赫（Wolfram von Eschenbach）把圣杯的石头称为“来自天空的石头”（lapsit exillis）。维拉诺瓦的阿诺德（Arnold of Villanova）把哲人石称为“lapis exilis”（2，xii，p.210），这对解释沃尔夫拉姆的这个术语至关重要。

图88 “圣杯的幻象”。引自15世纪的一份手稿，20，xxxvii，fol.610^{v}（存于爱诺思档案馆，阿斯科纳，瑞士）。

象征，那个在空间上没有扩展的创造的、潜在的神，它以一个点或林迦(lingam)[1]的形式被那条昆达利尼蛇绕行了三次半。[2]在这片原始森林里，我们再次遇到了类人猿这个主题，以前这个

1 印度教崇拜的男性生殖器形象。——中译注

2 Cf. Avalon, 327.

主题曾在第一个梦系列的第二十二个幻象(第117自然段)和这个梦系列的第十六个梦境和第十八个梦境(第164自然段和第184自然段)中出现过。在第二十二个幻象中它引出了以下这个说明,“一切都必须由光明来统治”,以及在第十八个梦境中引出了那个“变形的”头。同样的,当前这个梦以一个白色“冰川”的场景作为结束,这使梦者想起了一个更早期的梦(在本书中没有收录),在那个梦中他看见了银河,并且正在进行一场关于不朽的谈话。所以冰川的象征是一座桥梁,带领我们再次回到引起退行的宇宙方面。但是,正如情况几乎总是如此,更早期的内容并不是以其最初的那种简单的形态回归的,它带来了一种新的复杂情况,虽然这可能已经在逻辑上被预料到了,该情况同宇宙方面一样反感理智意识。这种复杂情况就是对关于不朽性的谈话的回忆。这个主题已经在第九个梦境中(第134自然段)暗示过,即那个钟摆,一个永动机。不朽指的是一个永远不知疲倦的钟摆,一个永远像天堂那样旋转的曼荼罗。所以宇宙方面是带着利息和复合利率回归的。对梦者来说,这可以很轻易地证明,因为那个“科学的”胃只有有限的消化能力。

247 无意识确实为那个我们称之为曼荼罗或“自性”的模糊之物制造了大量令人困惑的假象。看起来几乎就像是,我们准备继续和无意识一起做那个古老的炼金术之梦,继续在那个古物的顶端堆积一些新的同义词,且最终只不过是像古人们自己知道得一样多或一样少。我并不想详尽阐述那块哲人石对我们的祖先究竟意味着什么，以及曼荼罗对喇嘛教徒和密教教徒，对阿兹特克和普韦布洛印第安人仍然意味着什么，"金丹"[1]对道家意味着什么，以及"金种子"对印度人意味着什么。我们知道这些文本给我们提供了关于所有这一切的一个生动的观念。但是，当无意识固执地向有文化的欧洲人呈现这些深奥的象征时，它究竟意味着什么呢？在这里我唯一能用的观点就是心理学的观点。（可能还有其他一些我并不熟悉的观点。）从这一观点出发，在我看来，所有能够在"曼荼罗"这个一般概念下组织在一起的事物，表达的都是某种态度的本质。意识心灵的已知态度具有可界定的目的与目标。但是，一个人对自性的态度是唯一既没有可界定的目的，也没有可视的目标的一种态度。把"自性"这个词说出来是相当容易的，但是我们说的究竟是什么呢？它仍然隐藏在"形而上学"的黑暗之中。我可以把自性界定为意识与无意识心灵的完整性，但是这种完整性超越了我们的视野；它是一块名副其实的"不可见的哲人石"。只要有无意识的东西存在，它就是不可界定的；其存在只是一个先决条件，任何事物都无法断定其可能的内容。这种完整性只能被部分地体验到，且只有在这些部分是无意识内容的时候才行；但是作为完整性，它必

1 这是"金花"的同义词。

然会超越意识。所以,“自性”是一个类似于康德的“物自体”(Ding an sich)的含混不清的概念。确实,它是一种随着经验的增长而变得越来越清晰但又并不会失去其超越性方面的观念(正如我们的梦所示)。既然我们不可能知道我们未知的某一事物的局限性,那么我们就无法为自性设置任何限制。把自性限制到个体心灵的限度之内,这是相当武断的,因而也是非科学的,因为它远离了以下这个基本事实:我们一点都不了解这些限度,因为它们也在无意识之中。我们或许能够指出意识的限度,但无意识是一种未知的精神,正是出于这个原因,不可界定导致了没有限度。假如情况果真如此,如果无意识内容的经验表现具有某种无限度事物,某种不受时空决定的事物的所有特征,那么我们就不应感到丝毫的惊讶。首先,对于一个知道这些严格界定的概念之价值的小心翼翼的心灵来说,这种性质是超自然的,因而是令人惊恐的。一个人会因为他不是一个哲学家或神学家,所以没有义务在其专业上遇到这些神秘的东西而感到高兴。当事情变得越来越清晰,我们发现这些神秘的东西是强行进入意识的精神存在(entia)时,这才是更糟糕的,因为我们一夜接一夜的梦境在自动进行着哲学实践。更有甚者,当我们想要甩掉这些神秘事物,并且愤怒地拒绝无意识提供的炼金术的黄金时,我们的事情实际上变得更糟糕了,我们甚至可能会毫无理由地出现一些症状,这时我们就会面对那个障碍物,并且使它(如果只是个假设)

成为基石，症状即可消失，而我们会觉得“无法解释的”好。在这种两难困境下，我们至少可以用下面这种观点来自我安慰，无意识是一种必须考虑在内的必要的邪恶，因此陪伴着它进行某些奇怪的象征性徘徊是比较明智的，即便它们的意义格外可疑。或许重新学习尼采的“早期人性课”有助于拥有良好的健康状态。

248 对这种理智的权宜之计我能够提出的唯一的反对意见就是，他们往往无法经受时间的考验。我们能够在这些案例以及类似的案例中观察到，自性的“隐得来希”(entelechy)[1]是怎样在多年的时间里变得如此一致，以致意识若想与无意识并驾齐驱，就不得不产生更大的恐惧。

249 关于曼荼罗的象征作用，我们目前能够确定的就是，它描述了一种自主的心理事实，具有某种现象学的特点，总是重复它自己而且无论在哪里都是相同的。它似乎是一种核心，关于其内部结构和最终意义，我们却一无所知。我们也能把它视为是真实的(意即有效的)，是对一种既不能说明其目的也不能说明其目标的意识态度的反思，而且，由于这种放弃，将其活动完全投射到曼荼罗的虚拟中心。[2]这种投射所必需的强制性力量必然存在于某种情境之中，在那里个体不再知道怎样以任何

1 该词由亚里士多德所造，意指生命活力或生气。——中译注

2 在这里投射被认为是一种自发现象，而不是对任何事情的深思熟虑的推断。它并不是一种意志现象。

其他方式自助。但是，曼荼罗只是一种心理学的反思，这种观点首先是与这种象征的自主性相矛盾的，该自主性有时会在梦境中和幻象中以压倒一切的自发性表现出来；其次是与无意识本身的自主性相矛盾，该自主性不仅是精神的原始形式，而且是我们在童年早期所经历过的和每天晚上都要回归的状态。没有证据支持下述主张：心理活动只是反应或反射。这充其量是一种具有有限效力的生物学工作的假设。当把它提升到普遍真理的时候，它仅仅是一种物质主义的神话，因为它忽略了精神的创造能力，（无论我们是否喜欢）这种创造能力都是一直存在的，在面对它的时候，所有的"原因"都变成了单纯的偶然。

33. 梦境：

250 一场野蛮人之间的战斗，场景中充斥着野兽般的残忍。

251 正如已经预见到的那样，这种新的复杂情况（"不朽"）引发了一场激烈的冲突，这场冲突使用的是与第二十七个梦境（第232自然段）中的类似情境相同的象征。

34. 梦境：

252 和一个朋友的谈话。梦者说道："我必须继续和我面前这个流着血的耶稣基督角色在一起并且坚持自我救赎的工作。"

253 和前面那个梦一样，这个梦指的是一种超乎寻常的、微妙的痛苦（图89），是由于突破了一个我们发现难以接受的陌生精神世界而引起的——因此和耶稣基督的悲剧相类似："我的王国并不属于这个世界。"但这个梦也表明，梦者现在仍在继续非常认真地完成这项任务。提到耶稣基督完全可能有一种更深层的意思，而不只是一种道德的提醒：在这里我们关心的是个性化过程，这是西方人在耶稣基督生活过的教会和宗教模式中经常坚信的一个过程。强调的必然是这位救世主生活的"历史性"，而且由于这种历史性，其象征的性质已经保持在黑暗之中，尽管这种化身形成了"信经"（symbolon）的一个非常基本的方面。但是，这个教义的有效性丝毫没有建基于耶稣基

图89 鹈鹕用它自己的血抚养其幼鸟，耶稣基督的象征。引自Boschius，*Ars symbolica*，127，Symbol. LXX，Class. I，Tab. IV。

督独特的历史现实之上，而是建基于它自己的象征性质之上，它借此表达了一种或多或少普遍存在的与这种教义相隔甚远的心理学假设。因此，就耶稣基督是一个自主的心理学事实来说，既有一个“前基督教的”耶稣基督，也有一个“非基督教的”耶稣基督。不管怎么说，这种预见性的教义是建立在这个观念基础上的。在丝毫也没有宗教假设的现代人的情况下，应该出现原人或牧羊人之类的角色，这才是合乎逻辑的，因为它表现在他自己的精神之中（参见图117、图195）。

35. 梦境：

254 一个演员把帽子扔到墙上，墙上的帽子看起来是这个样子的：

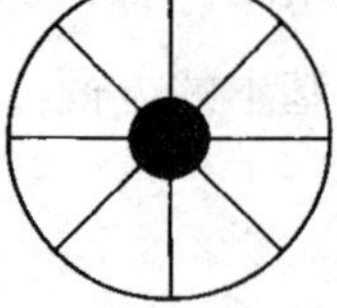

255 正如没有包括在这里的某种材料所示，这位“演员”指的是梦者个人生活中某个确定的事实。迄今为止，他一直保留着对他本人的某种虚构，这可以防止他严肃地看待他自己。这种虚构与他现在获得的那种严肃态度是不协调的。他必须放弃这位演员，因为这是在他心中那个拒绝了自性的演员。帽子指的是所有的梦中的第一个梦，在这个梦中他戴上了一个**陌生人**的帽子。这位演员把帽子扔到墙上，这顶帽子就是一个曼荼罗意象。所以，那顶“奇怪的”帽子就是自性，这在当时（虽然他仍扮演着某种虚构的角色）对他来说似乎就像是一个陌生人。

36. 梦境:

256 梦者在一辆出租车里驱车赶往市政厅广场，但它被称为马瑞恩霍夫（Marienhof）。

257 我只是顺便提到这个梦，因为它表明的是神圣围地的女性性质，就像“封闭的花园”（hortus conclusus）经常被用作中世纪赞美诗中圣母玛利亚的一种意象那样，在圣母德叙祷文中，“神秘的玫瑰花”（rosa mystica）就是她的象征之一（参见图26）。

37. 梦境:

258 有一些用灯光围绕着一个黑暗中心勾勒出的曲线。接着，梦者在一个黑暗的山洞里徘徊，在那里，一场善与恶之间的战斗正在进行。但是也有一个知道一切的王子。他给了梦者一个镶了钻石的戒指，并把它戴在其左手的第四个手指上。

259 始于第二十六个梦境的那种光的循环更清楚地重新出现了。灯光必然指的是意识，目前只是沿着周边勾勒的。中心仍然是黑暗的。它就是那个黑暗的山洞，进入山洞显然就是使冲突再起。与此同时,它就像是那个王子,置身事外而又知道一切,而且是那块宝贵石头的拥有者。这件礼物的意思完全就是梦者对自性的誓言——因为作为一种规则,婚戒是要戴在左手的第四个手指上的。确实,左侧就是无意识,由此可以推论出,这种情境仍然很大程度上掩藏在无意识之中。那个王子似乎就是神秘的国王的代表(图54;参见对第十个梦境的评论,第142自然段)。那个黑暗的山洞与装有战争对立物的器皿相对应。自性被表现在对立物之中,表现在对立物之间的冲突之中;这就是"对立统一"(coincidentia oppositorum)。因此通往自性的道路是以冲突开始的。

38. 梦境:

260 一张圆桌,周围有四把椅子。桌子和椅子都是空的。

261 这个梦证实了上述猜想。曼荼罗尚未"在使用中"。

39. 幻象:

262 梦者掉进深渊里。在深渊的底部有一头熊,它的眼睛交替地闪烁着四种颜色的光:红色、黄色、绿色和蓝色。熊消失不见了,梦者穿过一条很长的黑暗隧道。光在远端闪烁。那里有一个宝藏,在宝藏顶上是那个镶着钻石的戒指。据说,这个戒指将引导他经过漫长的旅程到达东方。

263 这个清醒的梦表明，梦者仍然一心待在那个黑暗的中心里。那头熊代表可能会抓住他的那种阴间的成分。但此时事情变得清楚了，那个动物只是将我们引导到四种颜色（参见第二十三个梦境，第212自然段），接着又引导到哲人石，即，那颗钻石，其棱柱体包含着彩虹的全部线索。通往东方的道路很可能指的是作为相反事物的无意识。根据传说，那个圣杯石（Grail-stone）来自东方，且必然要重新回到那里。在炼金术中，熊相当于原初物质的黑色部分（图90），并由此产生出多彩的孔雀尾巴（cauda pavonis）。

40. 梦境：

264 在那个陌生女人的引导下，梦者不得不冒着生命的危险去发现那个地极（Pole）。

265 地极是万物围绕其旋转的那个点，因而是自性的另一种象征。炼金术也采纳了这种类比："墨丘利乌斯的心脏就在地极里，他是真正的火。他的主人就在里面休息。当他在这片大海里航行时，他通过北极星的方位来确定航向。"[1]墨丘利乌斯

1 Philalethes,"Introitus apertus",6,xiv,p.655.

图90　熊代表原初物质的危险方面。引自Aquinas，“De alchimia”，20，ix，fol.82。

是世界—灵魂，而地极就是其心脏（参见图149）。“世界灵魂”这个观念是与中心就是自性的集体无意识相一致的。大海的象征是无意识的另一个同义词。

41. 幻象：

266　一些黄色的球在一个圆圈里向左滚动。

267　围绕一个中心旋转，这使人想起了第二十一个梦境（第

198自然段)。

42. 梦境:

268 一位年长的大师指着地上被照亮成红色的一个点。

269 那位哲学家给他指出了"中心"。红色的意思可能是黎明,就像炼金术中的红化(rubedo),一般来说,它就发生在这件工作完成之前。

43. 梦境:

270 一片黄色的光像太阳一样穿透雾霭隐隐呈现出来,但光线是阴暗的。八道光束从中心里透出来。这就是穿透点:光线应该能穿透,但还没有完全成功。

271 梦者自己评论道,那个穿透点和上面第四十个梦境中的地极相同。所以正如我们推测的,这是一个关于太阳出现的问题,太阳现在变黄了。但光线仍然是阴暗的,这可能意味着还不太理解。这种"穿透"暗指需要努力做出某种决定。黄化(citrinitas)常常与红化一致。"黄金"就是黄色的或微红的黄色。

44. 梦境:

272 梦者在一个正方形的围地里,在那里,他必须保持静止不动。这是一个关押小矮人(或孩子们?)的监狱。一个刻毒的女人在管控着他们。孩子们开始移动起来,并且开始围绕周边环行。梦者想要跑走,但可能不会这样做。其中一个孩子变成了动物,咬住了梦者的小腿。(图118)

273 由于缺乏清晰性,需要梦者进一步努力集中精力;因此梦者发现自己仍然处在童年状态(图95、图96),因此是“不对称的”(参见第二十六个梦境,第227自然段)并且被囚禁在神圣围地里,受一个刻毒的母亲,即阿尼玛管控。这个阿尼玛看起来和在第十八个梦境(第183自然段)中一样,而且他被咬住了,也就是说,他必须把自己暴露出来并且付出代价。“环行”的意思和以往一样,是要把精力集中在中心上。他发现这种紧张状态几乎是难以忍受的。但是他醒来时怀有解决了某些问题的那种刺激和快乐的感受,“仿佛他手里就拿着那颗钻石”。孩子们指的是小矮人这个主题,可能指的是众卡比洛斯这个元素,也就是说,它可能代表无意识的形成力量(参见后文中第五十六个梦境及之后的内容),或者这可能同时暗指他仍然处在童年状态。

45. 梦境:

274 一个军队的阅兵场。他们不再是为了战争装备自己,而是形成了一个八芒星,并向左侧旋转。

图91　世界灵魂。引自Thurneisser zum Thurn, *Quinta essentia*, 313, p.92, 木刻画。

275　这里的基本点是，冲突似乎已得到解决。那颗星不是在空中，也不是一颗钻石，而是由人类创造的地球上的一种形状。

46. 梦境：

276　梦者被囚禁在那个正方形的围地里。一些狮子和一个恶毒的女巫出现了。

277 他还没能走出那座阴间的监狱,因为他还没有做好准备去做他应该做的事情。(这是一个重要的个人问题,甚至是一种职责,也是使他非常忧虑的原因。)像所有凶猛的动物一样,狮子表示潜在的影响。在炼金术中狮子发挥着重要的作用,有非常类似的意思。它是一种"凶暴的"动物,魔鬼的一种标志,代表着有被无意识吞噬的危险。

47. 梦境:

278 那位智慧老人指给梦者看一个以某种特殊方式标示在大地上的地方。

279 这很可能是指,如果梦者想要实现自性,他就要属于这个地方(与前文的第四十二个梦境相似)。

48. 梦境:

280 一位熟人因为挖出了一个陶轮而获得了一个奖。

281 这个陶轮是在地上旋转的(参见第四十五个梦境)并且生产出陶制的(世俗的)器皿,可以把这些器皿形象地称为"人体"。因为是圆形的,这个轮子指的是自性和它在其中表现出来的创造性活动。陶轮也象征着一再发生的循环这个主题。

49. 梦境：

282 一个星状的图形在旋转。在这个圆的（罗盘的）基本方位点上有一些代表季节的图画。

283 正如以前确定的是地点一样，现在确定的是时间。在任何定义中地点和时间都是最普遍和必要的成分。对时间和地点的确定从一开始就受到重视（参见第七、第八和第九个梦境，第130—134自然段）。地点和时间的明确就是人的现实性的一部分。四季指的是一个圆的四等分，它与一年的周期循环相对应（图92）。年是原始人的一种象征（图99、图100、图104[1]）。旋转这个主题表示，不要把圆的象征看作是静态的，而要认为它是动态的。

50. 梦境：

284 一个陌生的男人给了梦者一块宝贵的石头。但梦者受到一帮强盗的攻击。他跑走了（噩梦）而且得以逃脱。此后那位陌生的女人告诉他，事情不会总是这样的：终有一天他会站在自己的土地上而不用逃跑。

1 Cf. Jung, 424, par.244b (424a, p.146).

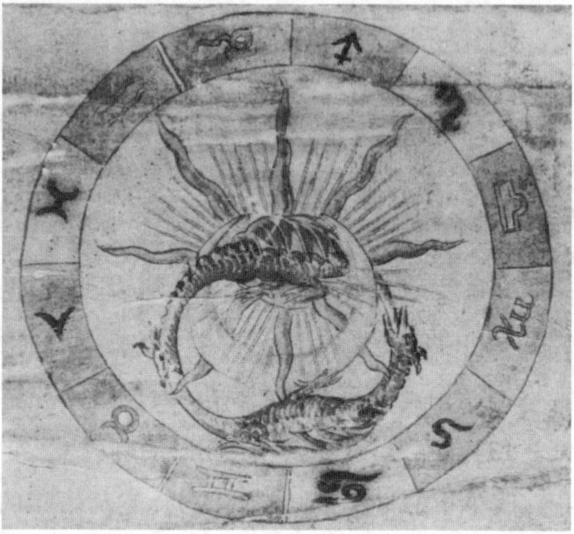

图92　黄道十二宫中的炼金过程。引自“Ripley Scrowle”(手稿,1588年),20,13,No.1。

285　当把一个明确的时间加到一个明确的地点之后,表示一个人正在快速地接近现实。这是送宝石这件礼物的原因,但也是害怕做出决定的原因,因此也就剥夺了梦者自己下决心的权力。

51. 梦境:

286　有一种非常紧张的感受。许多人围着一个巨大的有中心的长方形在绕圈,有四个小的长方形在其边上。在大长方形中是向左绕圈,在小长方形中则是向右。在中间是那颗八芒星。每一个小长方形的中间都放着一个碗,装着红色、黄色、绿色和无色的水。水向左侧转动。那个令人忧虑的问题来了：有足够的水吗？

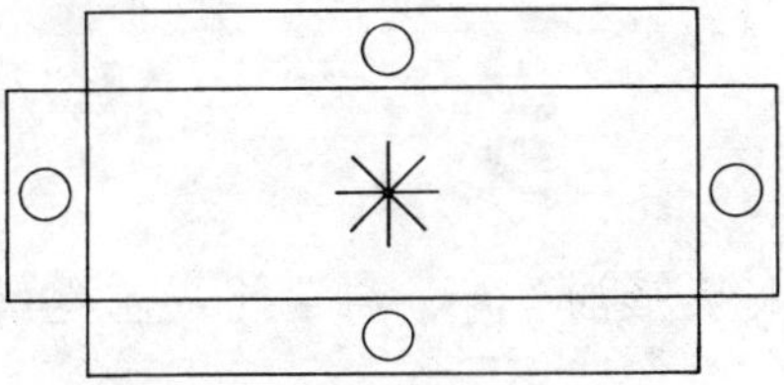

287 那些颜色指的还是初始阶段。那个“令人忧虑的”问题就是，是否有足够的生命之水——我们的水、能量、力比多(libido)——以到达那颗位于中间的星(也就是“核”或“核心”；参见下一个梦境)。那个中间的长方形中的环行仍然是向左的，也就是说，意识在向无意识移动。因此，那个中心还没有被充分照亮。在那些代表四位一体的小长方形中的向右环行，似乎表示四种功能正在成为有意识的。四的通常特点是彩虹的四种颜色。在这里令人吃惊的是，蓝色消失了，而且，那个正方形的图案突然被放弃了。水平面以垂直面为代价把自己扩展了。所以我们应对的是一种扭曲的曼荼罗。[1]我们可以通过批评来补充说，要想使这些功能的特点极性得到承认，对它

1 “扭曲的”曼荼罗不止一次地出现。它们由偏离了圆形、正方形或正规十字形的所有形式组成，而且也是由那些并非以数字四而是以三或五为基础的形式组成。数字六和十二是一些例外。十二可以建立在四或三的基础上。十二个月或黄道十二宫是日常应用中具有明确象征作用的循环。我们对建基于六的象征循环也很熟悉。三表示观念和意志占支配地位(三位一体)，而五则表示物质的人(物质主义)。

们的对立安排就必须被充分意识到。[1]水平面在垂直面之上占据了支配地位，代表着自我意识是最重要的，因此必须损失高度和深度。

52. 梦境：

288 一个长方形的舞厅。每一个人都在绕着周边向左环行。突然间听到一声命令："到核心去！"但梦者已经先到毗邻的房间里去砸一些坚果了。这时人们顺着一些绳梯向下爬到了水里。

289 现在已经到了要加紧向那个"核心"或物质之核进军的时候了，但梦者仍然还有几个"坚果"要在小长方形（即毗邻的房间）里砸开，意即，在四个功能中的一个当中。同时，这个过程仍在继续并且下降到"水中"。这样垂直面便得到了延长，从不正确的长方形里我们再次获得了正方形，这表示意识和无意识，连同其心理内涵，都达到了完全的对称。

53. 梦境：

290 梦者发现自己处于一个正在旋转的空荡的正方形房间里。一个声音喊叫着："别让他出去。他没有交税！"

1 关于这些心理学功能，可参见Jung，425，Part II，pars.15ff（425a，p.428）。

291 这指的是梦者在已经提到的个人问题上不恰当的自我实现，在该情况下，这是自性化的基本条件之一，因而是不可避免的。不出所料，在对前面那个梦中的垂直面做了预先强调之后，现在正方形得以建立起来。出现干扰的原因是低估了无意识（垂直面）的要求，这导致人格受到压制（横卧的长方形）。

292 在做了这个梦之后，梦者制作了六个曼荼罗，他试图在其中确定垂直面的正确长度、循环的形式，以及颜色的分布。在这项工作的最后出现了下面这个梦（未经删节的）：

54. 梦境：

293 我来到一个奇怪的、肃静的房子里——那个"聚会的房子"。背景上有许多点燃的蜡烛，以某种独特的模式排列着，四个点都指向上方。在外面，房子的门口，一个老汉在站岗。人们正走进来。他们什么话都没说，而是一动不动地站着，以便使自己在内部镇定下来。门口的那个人邀请来访者到房子里去："当他们再次出来时，他们便得到了净化。"我自己走进房子，并发现我能够完全集中精力。这时一个声音说道："你所做的事情是很危险的。宗教并不是一种需要缴付的税，能够使你摆脱女人的意象，因为这种意象是不可能摆脱的。那些把宗教作为灵魂之生命的另一面的替代物的人，愿他们遭殃；他们错了并且必将受到诅咒。宗教并不是替代物；它要作为终极完善被补充到灵魂的其他活动中去。你将从圆满的生活中产生出你的宗教；只有到那时你才将获得赐福！”虽然最后一句话是以振铃音说出来的，但我听到的是遥远的音乐，一个电风琴上简单的和弦。与此有关的一些事情使我想起了瓦格纳（Wagner）的《火之音乐》（*Fire Music*）。当我离开那座房子的时候，我看见一座燃烧的山，我觉得：“那种不可能扑灭的火就是圣火。”［萧伯纳，《圣女贞德》（*St. Joan*）］

294 梦者注意到，这个梦是一种“强有力的体验”。它确实具有某种超自然的性质，因此，如果我们假设，它代表顿悟和理解的一个新顶点，那不会有太大的错误。那个“声音”具有绝对权威的特点，因此通常是在一些决定性的时刻出现。

295 那座房子很可能与正方形相对应，是一个聚会场所（图93）。背景中的四个闪光点再次表示四位一体。关于净化的那句话指的是禁忌区的转换功能。通过“逃税”而受到阻止的整体性的产生，自然需要那个“女人的意象”，因为作为阿尼玛她所代表的就是第四种、“劣势的”功能，之所以说是女性，是因为受到了无意识的污染。在什么意义上“税收”得到支付，依赖于劣势功能及其辅助功能的性质，也依赖于态度类型。[1]这种支付可能要么是具体的，要么是象征的，但意识心灵没有资

1 Jung，425，Part II，Introduction（425a，p.412）.

图93　圣贤之山。智慧的寺庙（“聚会的房子”或“自我镇定”的房子），被阳光和月光照耀着，矗立在七个阶段之上，周围有凤凰围着。这座庙宇隐藏在大山里——暗示着哲人石就埋藏在地下，必须被提取出来并得到净化。背景中的黄道十二宫象征着炼金工作的持续性，而四种元素则表示整体性。下方：蒙着眼睛的男子和追随其自然本能的研究者。引自Michelspacher, *Cabala*, 236; fig. in Hall, 401, p.27。

格决定什么形式有效。

296 梦的观点认为，宗教可能并不是对“灵魂之生命的另一面”的替代物，作为一种激进的改革，这种看法当然将使许多人感到震惊。根据这种看法，宗教就等同于整体性；它甚至是作为在“圆满的生活”中被整合起来的自性的表达方式而出现的。

297 《火之音乐》的微弱回声（洛基的主题）并没有走调，因为“圆满的生活”究竟意味着什么呢？整体性又意味着什么呢？我觉得，既然人作为一种完整的存在而投射出一个阴影，那么，在这里就完全有理由产生某种焦虑。第四种并没有与那三种相分离，而是被驱赶到永恒之火中且一无所获。我们的上帝宣称“谁要是靠近我就是靠近了火”[1]（参见图58），这难道不是一种不符合教规的说法吗？这种可怕的模棱两可的意思并不是指长大的孩子——这就是为什么老年的赫拉克利特被称为“黑暗”的原因，因为他讲话太明白了，并且把生活本身称为“永恒之火”。而且，对那些有耳朵可以听见声音的人来说，这也是为什么会有不符合教规之说法的原因。

298 火山这个主题（图94）可在《以诺书》中遇到。[2]以诺看到，在天使遭受惩罚的地方有七颗星“就像一些燃烧的火山”

1 “救世主自己说道：谁要靠近了我，就是靠近了火；谁要远离了我，就是远离了王国。”（参见Origen，*Homiliae in Jeremiam*，246，XX，3；引自Preuschen，478，p.44。）

2 《以诺书》18：13和第21章（Charles，351，II，pp.200，201）。

图94　埃特纳火山："溶化与燃烧"(gelat et ardet)。引自Boschius, *Ars symbolica*, 127, Symbol. XXX, Class. II, Tab. II。

一样链接在一起。[1]与这个带有威胁性的主题相反，其与在西奈山上被揭示出来的耶和华的奇迹有某种联系，而根据其他原始资料，七这个数字绝不是邪恶的，因为它就在西方土地的第七座山上，那棵拥有生命果实的树就是在那里发现的，即，智慧树(arbor sapientiae，参见图188)。[2]

55. 梦境：

299　在(罗盘的)基本方位点上有一个银碗，里面装着四个砸开的坚果。

1　最初这七颗星是巴比伦人的七个伟大的神祇，但是，在以诺启示的时代他们变成了七位执政官，是"这个世界"的统治者，令堕落的天使受到惩罚。

2　对这个梦的较详细的评论可以参见Jung, 426a, par.60(426, pp.42f)。

300 这个梦表示，在第五十二个梦境中的一些问题已经得到了解决，尽管这种解决还不完全。梦者描绘了现在已经达到的那个目标，是一个被分成四份的圆，四分之一圆是用四种颜色绘画的。这种循环是向左转动的。虽然这满足了对称的要求，但功能的两极性仍然没有被认识到（尽管这是最后一个、非常光彩夺目的梦），因为在这幅画中，红色和蓝色，绿色和黄色是并排的，而不是相互对立的。我们必然会由此得出结论认为，这种"实现"正在遭遇到强烈的内部抵抗，部分地具有哲学的性质，部分地具有伦理学的性质，这种历史的合理性不可能被轻易地弃之一旁。梦者对两极性有一种不恰当的理解，这是通过下述事实表现出来的：坚果仍然需要在现实中砸开，而且，它们全都是相似的，即还没有被分化开来。

56. 梦境：

301 四个孩子携带着一个很大的黑色戒指。他们走进一个圆圈里。那个黑暗的陌生女人出现了，并且说她还会再来，因为这是至点（solstice）的节日。

302 在这个梦中，第四十四个梦境的成分再次聚集在一起：孩子们和那个黑暗的女人，之前她是一个刻毒的女巫。"至点"表示转折点。在炼金术中这项工作是在秋天完成的，即赫尔墨斯收获葡萄的季节（Vindemia Hermetis）。孩子们（图95），小矮

图95　孩子们的游戏。引自Trismosin，“Splendor solis”（手稿，1582年），复刻本参见316，Plate XX。

人之神，携带着戒指，即，整体性的象征仍然在孩子气的创造性力量的支配之下。注意，孩子们在炼金工作中也发挥了某种作用：这项工作的某一部分就被称为“孩子们的游戏”(ludus puerorum)。除了那句话，即这项工作就像“儿童游戏”一样容易，此外我再也没有发现对此所做的任何解释。假如，根据所有内行人的一致证据，这项工作格外困难，那么这必定是一种委婉的，很可能也是一种象征的定义。所以，这指的是以众卡比洛斯和淘气的妖精(小矮人：图96)为代表的孩子气的或无意识的力量的合作。

图96　小矮人(有益的儿童神祇)。开罗博物馆的一些机械玩具的碎片；引自Laignel-Lavastine，444，Ⅰ，p.104。

57. 幻象：

303 那个黑暗的戒指，中间有一个蛋。

58. 幻象：

304 一只黑色的鹰从蛋里孵化出来，用它的嘴抓住了戒指，现在戒指变成了金子。接着梦者在一条船上，那只鹰在前面飞着。

305 那只鹰表示高度。(以前强调的是深度：人们下降到水中。)它抓住了整个曼荼罗，并且以此控制住了梦者，梦者被带到一条船上，跟随着那只鸟在航行(图97)。鸟既是思想也是思想的飞行。通常它是以此为代表的幻想和直觉理念(有翅膀的墨丘利乌斯、摩耳甫斯[1]、精灵、天使)。船是运载工具，运载着梦者在大海上航行和在无意识深处巡游。作为一件人造的东西，它代表一种体系或方法(或者一种方式：参见“Hinayana”和“Mahayana”，即“小乘”和“大乘”，佛教的两种形式)。思想的飞行走在前面，方法的阐述则紧随其后。人不可能像神那样在彩虹桥上走，而是必须在桥下走，带着他可能产生的任何经过反思的事后思考。鹰(凤凰、秃鹫、渡鸦的同义词)是一种众所周知的炼金术象征。甚至哲人石、阴阳人(rebis，由阴阳两部分合成而来，因此作为太阳和月亮的混合物经常是雌雄同体的)，也经常是以翅膀为表征的(图22、图54、

1 希腊神话中的睡梦之神。——中译注

图208)，表示直觉或宗教精神的(有翅膀的)潜能。归根结底，所有这些描述指的就是我们称为自性的超越意识这个事实。这种视觉印象很像是某一进化过程在带领我们走向下一阶段时留下的简单印象。

图97　乘船“大漫游”。两只鹰绕着大地朝相反的方向飞行，表示这是在寻找整体性过程中的一个长期探索过程。引自Maier，*Viatorium*，224，p.183。

306 在炼金术中，“蛋”代表着用人工制品来理解的混沌，原初物质中装着被囚禁的世界灵魂。从蛋中（蛋是以圆形的烹饪器皿为象征的）将产生出鹰或凤凰，被解放的灵魂，它最终与被囚禁在自然本性怀抱中的原人相等同（图98）。

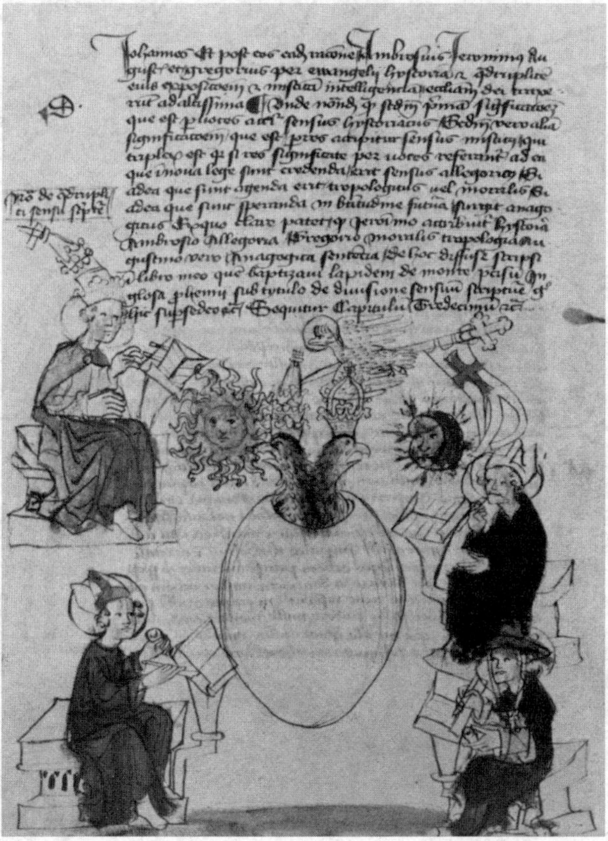

图98 哲学的蛋，双重鹰便由此孵化而来，头戴精神和世俗的王冠。引自Codex Palatinus Latinus 412（15世纪），20，xlvii。

图98—2 “贤者集会”：对炼金术士表示怀疑。绘画引自手稿“Rosengarten der Philosophen”, by Arnold of Villanova, St. Gall, Vadiana Library；被用作《哲学玫瑰园》扉页的插图，60（a）。

三、关于世界时钟的幻象

59. “伟大的幻象”: [1]

307 有一个垂直的圆和一个水平的圆,他们有一个共同的中心。这就是世界时钟。它由那只黑鸟维护着。

垂直的圆是一个蓝色的圆盘,有一条白色的边界,被分成4×8=32部分。一个指针在它上面转动。

水平的圆由四种颜色组成。上面立着四个带有钟摆的小人,在它的周围放着那个以前曾是黑暗的但现在是金色的戒指(以前是被孩子们带着的)。

这个“时钟”有三种节奏或脉冲:

1. 小脉冲:蓝色垂直圆盘上的指针向前移动1/32。

2. 中脉冲:指针完整地转动一圈。与此同时水平的圆向前移动1/32。

3. 大脉冲:32个中脉冲等于金戒指转动一圈。

308 这个明显的幻象给梦者留下了深刻而持久的印象,正如他自己所说,这是一种“具有最崇高和谐”的印象。这个世界时钟完全可能就是与众卡比洛斯相等同的那个“严肃的意象”,众卡比洛斯就是那四个孩子或带有钟摆的小人。它是一个三

1 关于这个幻象的详细讨论请参见Jung 426a,par.113(426,pp.80f)。

维的曼荼罗：一个用身体的形式表示实现的曼荼罗（遗憾的是，医学的慎重使我不能详细地对此进行生物学的阐述。只要认为这种实现确实发生，也一定足够了）。一个人所做的事情，实际上就是他自己想要成为的东西。

309 至于为什么这个奇特的幻象会产生一种“最崇高和谐”的印象，在某种意义上说，这是非常难以理解的，但是，只要我们一考虑到进行比较的历史材料，事情就变得足以理解了。我们难以理解这种情况是因为意象的意思格外模糊。如果这种意思很费解，如果没有考虑到我们在美学上对形式和颜色的易受感染性，那么我们的理解和我们的美感就都无法得到满足，当我们发现为什么竟会产生“最崇高和谐”这种印象时，我们就会不知所措。我们只能冒险提出以下假设，那些截然不同和不一致的成分在这里以最幸运的方式结合起来，共同产生了一种意象，最大程度地实现了无意识的“意图”。因此我们必须假设，这个意象是对一种原本不可知的心理事实的一种格外幸福的表达，这个心理事实迄今只能表现出与它本身明显不相关的方面。

310 这种印象极端抽象。其基本的观念之一似乎是，两个异质系统通过分享一个共同的中心而相互交叉。因此，如果我们像以前一样从这个假设开始，即这个中心及其边缘代表整个的精神，因此也代表自性，那么这个图就告诉我们，两个异质的系统在自性中相互交叉，共同站立在某种受规则支配和“三种节奏”调节的功能关系中。根据定义，自性是意识和无意识系统的中心和周边。但是，通过“三种节奏”来调节它们的功能，是我无法证实的东西。我并不知道这“三种节奏”暗指的是什么。但是目前我并不怀疑这种暗指是非常合理的。我所能够引证的唯一类似的事情就是在《心理学与炼金术》导言中提到的“三种方案”(regimina)[1]，四种元素由此而发生相互转化或者在第五元素中综合起来：

第一种方案：土对水。

第二种方案：水对气。

第三种方案：气对火。

311 如果我们假设，我们的曼荼罗渴望达到有可能实现的最完美的对立物的统一，包括男性的三位一体和女性的四位一体根据炼金术雌雄同体概念的类推而实现的统一，我们将很少会犯错误。

312 既然这个图有一个宇宙方面（世界时钟），我们就必须假设它是一个小规模的模型，或许甚至是时空的一个根源，或者至少是它的一种抽象，因此，从数学上讲，它在本质上是四维的，虽然只在三维投射中可见。我并不想详尽地阐述这种论

1 参见《心理学与炼金术》的第31自然段。

点，因为这种解释超出了我的论证力。

313 可以想象，那三十二种脉冲源自四和八的乘积，正如我们从经验所知，在曼荼罗中心发现的四位一体在被扩展到边缘时，常常变成八、十六、三十二或更多。"32"这个数字在"卡巴拉"（犹太教的一种神秘主义哲学）中扮演着重要角色。所以我们在《创造之书》（*Sepher Yetzirah*, 1: 1）中读到这样的话："耶和华、万军之主、以色列的上帝、生命之神和世界的国王……已将其名字铭刻在三十二条神秘的智慧道路上。"这些道路由"十个独立的数字（Sephiroth）和二十二个基本字母"组成（1: 2）。十个数字的意思如下："1: 生命之神的精神；2: 源自精神的精神；3: 源自精神的水；4: 源自水的火；5—10: 高度、深度、东、西、南、北。"[1]科尼利厄斯·阿格里帕（Cornelius Agrippa）提到："有学问的犹太人把'32'这个数字归因于智慧，因为这么多道路都是亚伯兰（Abram）描述的智慧之路。"[2]弗兰克（Franck）在"32"和犹太教神秘哲学的三位一体[王冠（Kether）、悟性（Bina）和智慧（Chochma）]之间建立了联系："这三个人把世间存在的万物全都包含和统一在他们自己之中，而他们却又反过来被统一在白头（即上帝）之中，因为他就是万物，而万物就是他。有时他以三个头表现出来，但实际上

1 Bischoff, 337a, I, pp.63ff. 与"32"的更多联系参见pp.175ff。

2 Agrippa, 93, II, Ch. XV.

只有一个头，有时候把他比作脑，在不损害其整体性的情况下，把脑分成三部分，借助于三十二对神经而遍布整个身体，就像上帝沿着三十二条奇迹般的道路而遍布整个宇宙一样。”[1]克诺尔·冯·罗森洛斯（Knorr von Rosenroth）也曾提到过这三十二条“神秘通道”（canales occulti）。[2]他把智慧（“拥抱所有最高的路径”）称为包罗万象的统一体，根据《约伯记》（A.V., 28：7）：“有一条连野鸟都不知道的道路，秃鹫也不曾见过。”勒内·阿伦迪（René Allendy）在其对数字象征作用的很有价值的说明中写道：“32……是组织化的世界中出现的变异；它不是创造性的产物，而是有计划、有意图地通过创造者手中形式多样的典型创造物产生的……作为8×4的产物……”[3]犹太教神秘哲学的“32”这个数字是否能够等同于佛陀之子的三十二种幸运符号（mahavyanjana），这是很值得怀疑的。

314 至于建立在比较学基础上的解释，我们对此所做的论述是比较正确的，至少在这个主题的一般方面是这样的。首先，我们有三个大陆的全部曼荼罗象征可供我们支配；其次，我们有在占星术影响下，尤其是在西方发展起来的曼荼罗的独特的时间象征可供我们支配。星象（图100）本身就是一个有黑暗中心的曼荼罗（时钟），一个有“星宫”和星相的向左的“环

1 Franck, 386a, p.137.

2 207a, I, p.602.

3 Allendy, 325, p.387.

行”。教会艺术中的曼荼罗，特别是在高大的祭台前或十字形教堂的耳堂下方的地板上的曼荼罗，就经常使用黄道十二宫的野兽和每年的季节。类似的观念就是把耶稣基督与教会历法相等同，他就是固定的地极和生命。人之子是对自性这个观念的一种预期（图99）：因此，根据希波吕托斯（Hippolytus）的观点，这就是诺斯替教对耶稣基督和自性的掺杂。与荷鲁斯的象征也有某种关联：一方面，我们有以福音传道者的四种象征（三个动物和一个天使）登位的耶稣基督（图101）；另一方面，

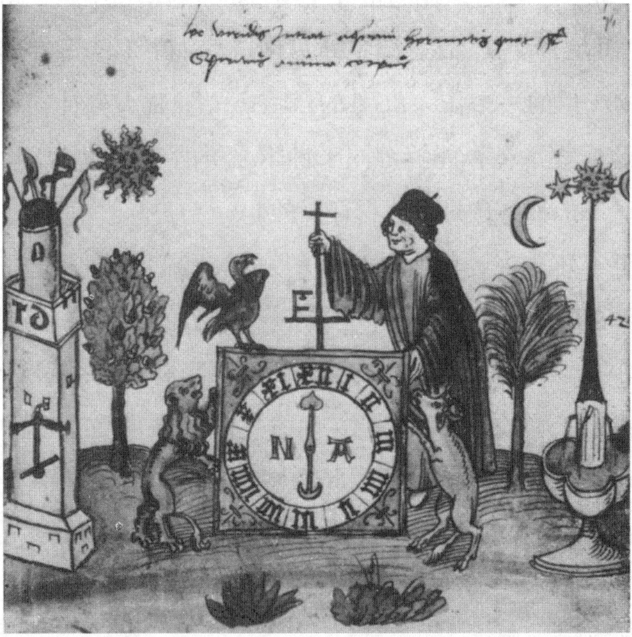

图99　哲人石的时间象征：十字架和福音传道者的符号表示它与耶稣基督相类似。引自 Aquinas，“De alchimia”（手稿，16世纪），20，ix，fol.74。

图100　星象，表示宫、黄道带和行星。埃哈德·舍恩(Erhard Schoen)为莱昂哈德·雷曼(Leonhard Reymann)的耶稣诞生主题日历所制作的木刻画(1515年)；引自Strauss，512，p.54。

图101　“曼多拉”(mandorla)中的耶稣基督，四周是四位福音传道者的象征。法国卢瓦尔—谢尔省(Loir-et-Cher)的圣雅各—德盖雷(Saint-Jacque-des-Guérets)教堂中的壁画；引自Clemen，352，fig.195，p.260。

我们有荷鲁斯的父亲与荷鲁斯的四个儿子，或者说奥西里斯(Osiris)和荷鲁斯的四个儿子(图102)。[1]荷鲁斯被称为“初升的太阳”[2]，而耶稣基督也受到早期基督教徒类似于此的崇拜。

1　参见来自埃及菲莱岛的浅浮雕(Budge，347，I，p.3；Budge，345，plate 5)。福音传道者有时候会是三个长着动物头，一个长着人头。在一份公元7世纪的手稿中，确实记录着福音传道者戴着他们的动物头，正如他们在那些罗马石碑上的样子。

2　参见Melito of Sardis，268，引自Cumont，358，I，p.355。

图102　奥西里斯和站在莲花上的荷鲁斯的四个儿子。引自《亡灵书》；参见Budge,345,卷首插画。

315　我们在纪尧姆·德·迪古莱维勒(Guillaume de Digulleville)的作品中发现了明显的相似之处，他是位于查理斯(Châlis)的熙笃会(Cistercian)修道院的院长，一位诺曼诗人，他独立于但丁之外，于1330年至1355年之间创作了三首"朝圣诗歌"(pélerinages)：《人类生命中的朝圣》(*Les pélerinages de la vie humaine*)、《灵魂》(*de l'âme*)和《耶稣基督》(*de Jésus Christ*)。[1]《灵魂》的最后一个诗章包含着一个关于天堂的幻象，它由七个大球体组成，每个球体又包含着七个小球体。[2]所有的球体都在旋转，这种运动被称为一个"世纪"(siècle)。天堂里的"世纪"是地球上的世纪的原型。指引这位诗人的天使解释说："当她在教会结束了她长达一个世纪(永远永远)的祷告，她心中明白，这不是尘世的时间，而是一种永恒。"与此同时，"世纪"也是死后进入天堂的人居住的球形空间。"siècles"和"cieux"是相同的。在纯金的最高天堂里，国王坐在一个圆形的宝座上，宝座闪耀着比太阳还要明亮的光芒。一个由宝石铸成的王冠环绕着他。在他旁边，由土褐色水晶制作的环形宝座上，坐着女王，她在为那些罪人说情(图103)。

316 "他抬起头，眼睛看向金色的天堂，那位朝圣者看到一个奇特的圆圈，看上去有三英尺宽。它从金色天堂的某个地方出来，又从另一个地方重新进入天堂，它以此完成了金色天堂的全程旅行。"这个圆圈是宝石蓝色的。它是一个小圆圈，直径三英尺，而且它显然是在一个像滚动圆盘的大圆圈里做圆周运动。这个大圆圈与天堂的金色圆圈相交叉。

1 Delacotte, 360.

2 与第二十一个梦境(第198自然段)相对应的一个观念，包含着许多小球体的那个大球体的观念。

图103　新郎和新娘(Sponsus et sponsa)。更多细节请参见Stefano da Sant' Agnese, *Polittico con l'Incoronazione*(15世纪), Venice, Accademia 21。

317　当纪尧姆全神贯注于这个景象的时候,突然出现了三个精灵,他们身穿紫色衣服,戴着金色王冠和腰带,并走进金色天堂。于是天使告诉他,这一时刻是个节日(une fête),就像地球上教会的节日：

这个圆圈就是日历
它围绕着圆圈旋转运动
指出每一位圣人的节日
何时应该进行庆祝。
每个圣人都要绕着圆圈走一遭，
你看到的每一颗星都代表一天，
每一个太阳表示一个拼写
对黄道三十天的拼写。

318 这三个角色都是圣人，他们的节日至今仍然被人们庆祝。用于进入金色天堂的小圆圈有三英尺宽，而且这三个角色同样是突然进入的。这些表示永恒的时刻，就像日历上的那个圆圈一样（图104）。但是，为什么这恰好是直径三英尺，以及为什么有三个角色，尚不得而知。我们当然会联想到我们幻象中的那三种节奏，它们是受蓝色圆盘上方移动的指针启动的，且就像日历的周期循环进入金色天堂那样莫名其妙地进入了这个系统。

319 这位向导继续指导纪尧姆理解黄道十二宫的这些符号的意义，并特别提到了《圣经》中记载的历史，他用这句话作为结束：十二位渔夫的节日将在双鱼座的符号中庆祝，此时十二将出现在三位一体面前。这时纪尧姆突然发现，他并没有真正理

图104 作为父亲和逻各斯的上帝创造了黄道十二宫。引自Peter Lombard，“De sacramentis”（14世纪），20，1。

解三位一体的本质，他请求天使再做一次解释。天使回答说：“现在有三种主要的颜色，即绿色、红色和金色。这三种颜色看起来统一在各种各样的波纹绸（watered silk）制品中以及在许多鸟的羽毛里，例如孔雀。万能的国王把三种颜色弄成一种，难道他不能把一种物质也变成三种吗？”金色，这种皇室的颜色，应属于上帝这位父亲（圣父）；红色应属于上帝的儿子（圣子），因为他身上流淌着他的血；而绿色则应属于圣灵，“颜色很神圣且能安慰人心”。天使警告纪尧姆不要再问更多的问题，然后就消失不见了。这位诗人醒来发现自己安全地躺在床上，于是灵魂的朝圣便结束了。

320 但是，还有一件事情要问：“三倒是有——但是四到哪里去了？”为什么蓝色没有了？这种颜色在梦者的那个“扭曲的”曼荼罗中也没有。令人感到好奇的是，与金色圆圈相交叉的那个日历（calendrier）却是蓝色的，所以在三维的曼荼罗中它是垂直的圆盘。我们以此推测，代表垂直的蓝色的意思是高度和深度（蓝天在上，蓝色的大海在下），垂直方向的任何收缩都会把正方形缩减成长方形，从而产生诸如意识膨胀之类的事情。[1]所以，垂直是与无意识相对应的。但是，一个男人心中的无意识具有女性的特征，而且蓝色是圣母玛利亚的神圣斗篷的那种传统颜色（图105）。纪尧姆太过专注于三位一体和统治（roy）的三个方面，以致他完全忘记了女王。浮士德如此向她祈祷：“至高无上的世界女王啊！让我看一看在天堂那浩瀚无垠的蔚蓝色天空里你的秘密吧。”

1 关于我对“膨胀”一词的解释，可参见Jung，427，par.374ff（427a，pp.184ff）。

图105　圣母玛利亚，对星光闪烁的天堂的拟人化。引自“Speculum humanae salvationis”，20，xlviii。

321 在纪尧姆看来，蓝色不可避免地应该在彩虹色的四元组中消失，因为它具有女性的性质。但是，和女人自己一样，阿尼玛意味着男人的高度和深度。若没有蓝色垂直的圆圈，金色的曼荼罗就会成为无躯体的和二维的，单纯是一种抽象而已。只有通过时空在此时此地的干预，才能使之成为现实。整体性只在这一瞬间得到实现——这是浮士德终生都在寻求的那一瞬间。

322 纪尧姆笔下的那位诗人给了国王一个王后，让她坐在土褐色的水晶石制作的宝座上，这显示那位诗人必然对异教真理有所了解。因为，要是没有大地母亲，天堂是什么呢？如果女王没有为其黑色的灵魂说情，男人怎么可能得到实现呢？她理解黑暗，因为她已经把她的宝座（大地本身）随身带到天堂里去了，尽管只是作为一些最微妙的暗示。它把消失的蓝色补充到金色、红色和绿色之中，从而使和谐的整体达到圆满。

图106 “月亮的长生不老药”。引自Codex Reginensis Latinus 1458（17世纪），20，lii；参见Carbonelli，349，p.155，fig.189。

图107　圣母玛利亚怀着救世主。引自“Speculum humanae salvationis”,20,xlviii。

四、自性的象征

323 在客观精神之象征的发展过程中，关于“世界时钟”的幻象既不是最后一个，也不是最高级的发展点。但它使三分之一的材料得以结束，这些材料存在于所有四百多个梦境和幻象之中。这一梦系列之所以值得注意，是因为它对我在许多个案中早就已经观察到的某一心理事实做了不同寻常的完整描述。[1]我们不仅要感谢这份客观材料的完整性，而且要感谢梦者的关心和洞察，他把我们置于某种境地，使我们一步一步地追随着无意识的综合工作的脚步。如果我能对包括在这里考察的五十九个梦在内的全部三百四十个梦进行考察，那么这种繁琐的综合过程无疑就会得到更完整的描述。遗憾的是，这是不可能的，这些梦在某种程度上涉及个人生活的一些亲昵行为，因此一定不能发表。所以我只好使自己仅限于那些与个人隐私无关的材料。

324 我希望我已经成功地稍微阐明了自性之象征的发展，并且成功地，至少部分地克服了从实际体验中获得的所有材料隐含的严重困难。与此同时，我完全认识到，进行完整的解释所必需的比较材料可能已经得到了大幅度增长。但是，为了不给这种意义增加过分的负担，在这一方面我做了最大限度的保

1 参见卫礼贤和荣格的评论（530），以及Jung，427。

留。所以有很多地方只是给了暗示，尽管不应该把这看作表面的迹象。我相信，我所处的地位完全可以为我的看法提供大量的证据，但我不希望给人留下这样的印象，即我认为，我已经对这个高度复杂的主题说尽了要说的话。这确实不是我第一次对付无意识的这一系列自发表现。以前，在《无意识心理学》(*Psychology of the Unconscious*, 429a)一书中我曾经做过类似的研究，但在那本书里更多的是青春期的神经症问题，而这本书里却是一个更广泛的自性化问题。另外，在这两种人格本身之间存在着非常大的差异。我从未在第一手材料中观察到过前一种案例，即在心理的灾难性结局(一种精神病)中结束；但当前这个案例表现出一种正常的发展，例如我在一些非常聪明的人身上经常观察到的。

325 此处特别值得注意的是那个核心象征的一致性发展。我们情不自禁地感受到，无意识过程是围绕着一个中心螺旋式移动的，逐渐接近中心，而中心的特点则越来越明显。或许我们可以换一种说法，那个中心(其本身实际上是不可知的)就像是在大相径庭的无意识材料和过程之上的一块磁铁，逐渐把它们吸引到水晶格子里。由于这个原因，中心(在其他情况下)经常被描述为蜘蛛网上的一只蜘蛛(图108)，尤其是当意识态度仍然受无意识过程的恐惧支配时。但是，如果允许这个过程自然地发展，就像在我们的案例中那样，那么这个经常更新自己的核心象征，就会坚定而持续不断地强行摆脱明显的个人

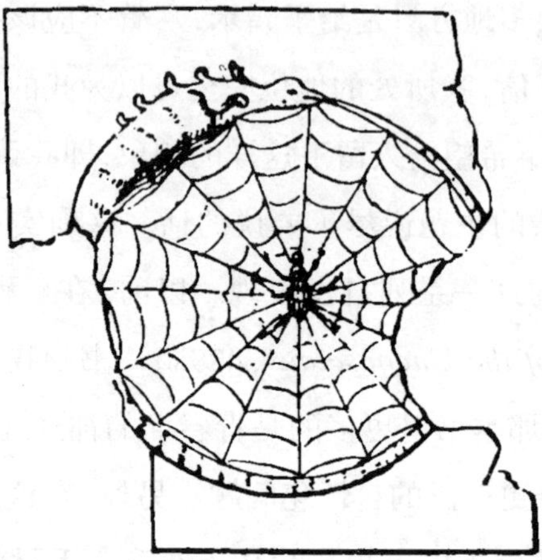

图108　摩耶(Maya),感官之幻想世界的永恒编织者,被咬尾蛇环绕着。婆罗门谚语集的卷首插画中的破损图画;引自Mueller,468,Plate I,fig.91。

精神混乱及其戏剧性的纠缠,就像伟大的贝尔努利(Bernoulli)的墓志铭[1]上说到的那只蜘蛛一样:“我再次升天,虽然发生了改变,但仍然是同一个人。”因此,我们经常发现中心的蜘蛛表征,例如,蛇围绕着那个创造点,那个蛋而盘绕。

326　确实如此,似乎导致生活紧张不安的所有个人纠缠和命运的戏剧性变化只不过是迟疑不决、胆怯的退缩,几乎就像是虚构了一些小问题和细微的借口,以避免面对这个奇怪的或者不可思议的晶化过程的最后结局。人们经常会有这种印象,个人的精神就像一个羞怯的动物在围绕着这个中心点奔跑,立刻就被

1　在巴塞尔大教堂的回廊里。

吸引住了并且吓得不轻，总是在飞行，但又不断地更加接近。

327 人们错误地认为我知道关于这个“中心”之性质的一切，我相信我并没有对这种误解的原因做出解释——因为它完全是不可知的，只能通过它本身的现象学进行象征性表达，就像这个案例那样，并附带地阐释每一种经验对象。在这个中心的各种不同特点中，从一开始就使我感到震惊的是那个四位一体现象（图109）。它并非像我们所说，是罗盘上的“四个”点或诸如此类的东西，下述事实已对此做了证明，在四和三之间经常存在着竞争。[1]在四和五之间也存在着竞争，但比较少见，尽管由于五道光束的曼荼罗缺乏对称性，其特点必定是不正常的。[2]因此，在正常情况下，人们似乎在明确地坚持使用四，或者说，使用四在统计学上有更高的概率。现在（我禁不住要说）它是一种好奇的“自然运动”，有机体的主要化学成分是碳，其特点是具有四个化合价；众所周知，钻石也是一种碳晶体。碳是黑色的（煤、石墨），但钻石是“最纯净的水”。如果四这种现象只是意识心灵方面的一种诗人式幻想，而不是客观精神的自发产物，那么做出这样一种类比就是一种可悲的理智上的错误尝试。即便我们假设，梦可能会在任何可以考虑到的程度上受自我暗示的影响（在这种情况下，它当然更多的是一个关于

1 这主要已经在男人身上观察到了，但这是不是一种偶然，我还无法说清。

2 主要是在女人身上观察到的。但是它出现得如此稀少，以致我们不可能得出任何更多的结论。

其意义的问题，而不是关于其形式的问题)，但仍然必须证明的是，梦者的意识心灵确实做出了认真的努力，在无意识中留下了四位一体观念的印象。但是，在这种情况下，就像在许多其他情况下一样，我已经观察发现，绝对没有这种可能性，更何况在历史上和人种学上有许多相似的证据（图110；也请参见图50、图61—66、图82、图109）。[1]从整体上考察这些事实，至少在我看来，我们就可以得出这个不可避免的结论，即存在着一些可以通过四位一体来表达自己的心理元素。不需要对此做出大胆的推测或过分的空想。如果我把这个中心称为“自性”，那是在我经过成熟的思考和对实证材料及历史材料的仔细评价之后做出的。唯物主义的解释很容易认为，这个“中心”不是“别的，而只是”心灵不再可知的那个点，因为它是在那里与身体结合在一起的。而唯心主义的解释则可能会反驳说，这个“自性”不是别的，而是“精神”，它使灵魂和身体都充满了生机活力，并且在那个创造点上闯入时空之中。我有目的地限制自己做出这些物质的和形而上学的推测，而是满足于建立经验的事实，在我看来，和追逐时髦的理智时尚或捏造的“宗教”信条相比，这样做对人类知识的进步似乎重要得多。

328 就我的经验来看，我们在这里应对的是客观精神中的一些重要的“核心过程”——也可以说是“目标意象”，这个“有

1 在这里我只是提到少数几种相似的事物。

图109　四位福音传道者与他们的象征，以及天堂里的四条河流。中间：带有生命精神的以西结之轮，这种生命精神“就在轮子之中”（《以西结书》，1：21）。《福音书》(*Evangeliary*)中的微型画（手稿，13世纪），20，ii，fol.177；引自Molsdorf，467，p.2。

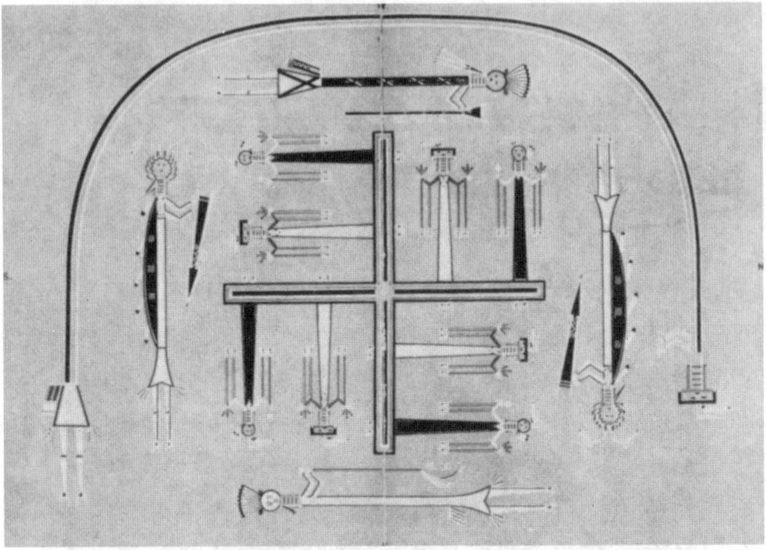

图 110　纳瓦霍印第安人的沙画。引自 Stevenson，511，Plate CXXI。

目的的”心理过程显然是主动建立起来的，而没有受任何外部刺激的影响。[1]当然，从外部讲，总会有心理需要的某种条件，比如饥饿感，但它寻求的必然是熟悉和适合的菜肴，而绝不会把意识不知道的某种稀奇古怪的食物想象为自己的目标。招来这种心理需要的目标，承诺治愈（达到整体性）的意象，对意识心灵来说最初都是非常奇怪的，所以它可能会发现，要想进入其中是非常困难的。当然，当这些目标意象具有教条式的正

1　当我们从历史的观点来看待时，作为一个目标在其材料中呈现出来的意象也可以作为一个起源。如果要举个例子，我会引用《旧约全书》中关于天堂的概念，特别是在《以诺二书》中对亚当的创造。引自 27（b）；Förster，384。

确性时，对那些生活在某一时代和环境中的人来说，事情就大不相同了。此时根据这个事实，这些意象对意识就仍然有效，这样无意识就表现为一种神秘反射的意象，它是在这种意象中认识自己并且与意识心灵的力量结合起来的。

329 至于曼荼罗主题的起源问题，从表面的观点来看，它仿佛是在梦系列过程中逐渐产生的。但是，事实是，它只是**出现**得越来越明显，而且是以越来越分化的形式**出现**的；实际上它一直都存在，甚至在第一个梦中就出现过——正如那些仙女后来说的："我们一直在那里，只是你没有注意到我们罢了。"所以，更有可能的是，我们应对的是一种先验的"类型"，一种集体无意识中固有的原型，因而超越了个体的生与死。可以说，这种原型是一种"永恒的"存在，而它的问题只在于，它是否能被意识感知到。我认为我们正在形成一种更有可能的假设，即，如果曼荼罗主题的清晰度和频度的增长，是因为人们更加精确地感知到已经存在的"类型"，而后者并不是在梦系列过程中逐渐产生的，那么这个假设就可以更好地解释我们观察到的事实。[1]认为这些主题是逐渐产生的假设与下述事实相矛

1 如果我们把四个梦分成八组，每组五十个，我们就可以得出以下结果：

第一组：6个曼荼罗	第五组：11个曼荼罗
第二组：4个曼荼罗	第六组：11个曼荼罗
第三组：2个曼荼罗	第七组：11个曼荼罗
第四组：9个曼荼罗	第八组：17个曼荼罗

所以，在整个梦系列过程中曼荼罗这个主题发生了相当大的增长。

盾，例如，代表人格的那顶帽子、那条环绕的蛇，以及永动机这些基本观念，从一开始就出现了（第一个梦系列：第一个梦境，第52自然段和第五个幻象，第62自然段；第二个梦系列：第九个梦境，第134自然段）。

330 如果曼荼罗主题是一个原型，它就应该是一种集体现象，即，从理论上讲，它应该出现在每个人身上。但实际上，它只是以不同的形式在相对较少的几个案例中被遇到过，尽管这并不会阻止它暗中发挥地极的功能，世间万物最终都是围绕这个地极转动的。归根到底，每一个生命都是整体的实现，即，自性的实现，正是由于这个原因，这种实现也可以被称为“自性化”。所有的生命都必定和想要实现它的个体携带者有关，要是没有他们，那简直是不可想象的。但是，每一位携带者都有个人的命运和目的，这些命运和目的的实现本身就使生命具有了意义。确实，这种“意义”经常是可以被称为“无意义”的东西，因为存在的奥秘和人类的理解之间有着某种不可测量的东西。“意义”和“无意义”只是人造的符号，旨在给我们提供合理有效的方向感。

331 正如历史上那些类似的事物所示，曼荼罗的象征作用并不只是一种独特的奇异之物；我们完全可以说，它的出现是有规律的。若非如此，那就不会有比较材料了，正是因为能够对所有时代和来自全球各地的精神产物进行比较，才最清晰地向我们表明，“人类共识”（consensus gentium）与客观精神过程的联系有多么重要。有充足的理由不要让它们显现出来，我的医学经验只不过证实了这种估计而已。当然，有一些人认为，严肃地看待一切事情是非科学的；他们不想让其理智的运动场受到这些严肃考虑的干扰。但是，医生若不考虑人的感受的价值，他就犯了一个严重而愚蠢的错误，如果他想要以其所谓科学的态度来更正人性那神秘而又几乎不可思议的产物，那么他只不过是将其肤浅的谬见放在了自然治愈过程之中罢了。我们不妨牢记那些古老的炼金术士的智慧吧："最自然最完美的工作能产生出自身的意义。"[1]

图111　孔雀尾巴，各种颜色的结合，象征着整体性。引自Boschius, *Ars symbolica*, 127, Symbol. LXXXIV, Class. I, Tab. V。

1 "Naturalissimum et perfectissimum opus est generare tale quale ipsum est."

图112　炼金术的主要象征。引自Trismosin, *La Toison d'Or*(3a), 卷首插画。(该作品为C.A.迈耶博士所拥有,苏黎世。)

译名对照表

Abram　亚伯兰
Ahasuerus　亚哈随鲁
alcheringa　梦幻时代
anima　阿尼玛
anima intellectualis　理智灵魂
anima mundi　世界灵魂
Anthropos　原人
Apuleius　阿普列乌斯
aqua permanens　永恒之水
arbor sapientiae　智慧树
Arjuna　阿诸那
Athanasius Pernath　阿他拿修·佩尔纳斯
aurum nostrum　黄金灵药
aurum philosophicum　哲学的金子
Avalokiteshvara　观世音菩萨

Bernard Shaw　萧伯纳
Bernoulli　贝尔努利
Bhagavade Gita　《薄伽梵歌》
Bhutia Busty　布提亚·布斯提
Bina　悟性
Black Mass　黑弥撒
Book of the Dead　《死亡之书》
brain trust　脑信任
Brihadaranyaka Upanishad　《广林奥义书》
Bubastis　布巴斯提斯

Cabiri　众卡比洛斯
Cartari　卡尔塔里
cauda pavonis　孔雀尾巴
causa efficiens　动力因
Chochma　智慧
Christianos　克里斯蒂亚诺斯
circulatio　循环过程
circumambulatio　环行
Cistercian　熙笃会
cockchafer　金龟子
Cordex Brucianus　《布鲁西抄本》
Cornelius Agrippa　科尼利厄斯·

阿格里帕

De vita longa 《长命百岁》
diabolica fraus 欺诈恶魔
Ding an sich 物自体
Dionysus 狄俄尼索斯
dorje 金刚

ego 自我
Eirenaeus Philalethes 艾丽纳义乌斯·菲拉利西斯
elixir vitae 长生不老药
Emmaus 以马忤斯
Epiphenius 埃皮法尼乌斯
Ezekiel 《以西结书》

Faust 《浮士德》
Fire Music 《火之音乐》
Firmicus Maternus 弗米卡斯·马泰纳斯
Flaubert 福楼拜
Franck 弗兰克

Goethe 歌德
Golden Flower 《太乙金华宗旨》
Golem 《泥人哥连》
Grail-stone 圣杯石
Guillaume de Digulleville 纪尧姆·德·迪古莱维勒

Hagia Sophia 圣索菲亚大教堂
Heinrich Khunrath 海因里希·昆哈特
Heraclitus 赫拉克利特
Herbert Silberer 赫伯特·西尔贝雷
Hercules 赫拉克勒斯
Hermes Trismegistus 赫尔墨斯·特利斯默吉斯忒斯
Herodotus 希罗多德
Hippolytus 希波吕托斯
Hypnerotomachia 《寻爱绮梦》
hypostasis 原质

illuminatio 精神启示
Isis 伊西斯

Janus Lacinius 亚努斯·拉齐尼乌斯
jeu de paume 手掌游戏
Julian the Apostate 叛教者尤里安

Kether 王冠
Khidr 海德尔
khilkor 轮
Knorr von Rosenroth 克诺尔·冯·罗森洛斯
Koran 《古兰经》
Krishna 克利须那
Kundalini yoga 昆达利尼瑜伽

Lamaism 喇嘛教
lapis philosophorum 哲人石
lèse-majesté 叛逆罪
libido 力比多
Lingdam Gomchen 林达姆·戈

梅琴
Loki　洛基

Mahayana　大乘
mandala　曼荼罗
Marcion　马吉安
Maspero　马斯佩罗
matrimonium alchymicum　炼金术婚配
Megnesia　麦格尼西亚
Mephisto　靡菲斯特
Meyrink　梅林克
Mithraic　密特拉教
Monad　单子
Moses　摩西
Mother Nature　母亲的性质
mysterium iniquitatis　罪恶的奥秘

Nazareth　拿撒勒
Nekyia　尼克亚
Nereids　涅瑞伊得斯

Ophites　拜蛇教
opus alchymicum　炼金工作
Osiris　奥西里斯

Paradiso　《神曲：天堂篇》
perpetuum mobile　永动机
persecution mania　被迫害妄想症
personal unconscious　个体无意识
Peterhofstatt　彼得霍夫斯塔特
Petrus Bonus　佩特鲁斯 · 博努斯
Pleroma　佩雷诺玛
Poliphile　波利菲尔
prima materia　原初物质
prolifration　增殖
Prometheus and Epimetheus　《普罗米修斯和厄庇米修斯》
Psychology of the Unconscious　《无意识心理学》

Quaternarius　四
quaternary system　四元系统

Raymundus　雷蒙德
rebis　阴阳人、雌雄同体
Richard Wilhelm　卫礼贤
rimpoche　仁波切
Rosarium　《哲学玫瑰园》
Rosicrucians　玫瑰十字会
Ruska　鲁斯卡

Sabazius　萨巴最俄斯
sacrificium intellectus　知性的牺牲
Satyricon　《萨蒂利孔》
satyr play　羊人剧
Schiller　席勒
Schopenhauer　叔本华
self　自性
Sepher Yezirah　《创造之书》
Shakti　沙克蒂
Shiva　湿婆神
sidpe-korlo　轮回之轮
Sophia　索菲亚
Spinther　闪光
spirit of gravity　受重力束缚的灵魂

spiritus mercurialis　精灵墨丘利
spiritus vitae　生命精神
Spitteler　斯皮特勒
St. Anthony　圣安东尼
St. Joan　《圣女贞德》
Stairway of Seven Planets　七星台阶

Tantric yoga　密宗瑜伽
Taos　陶斯
ternarius　三元
ternary system　三元系统
tetraktys　圣四
Thales　泰勒斯
the mysteries of Eleusis　厄琉西斯之谜
Theophrastus Paracelsus　泰奥弗拉斯托斯·帕拉赛尔苏斯
theosophy　神智学
temenos　神圣围地
Thoth　透特
Tractatus aureus　《论黄金》
Tritons　特里同

Upanishads　《奥义书》

Walpurgisnacht　瓦尔普吉斯之夜
watered silk　波纹绸

yoni　约尼

Zagreus　扎格列欧斯
Zarathustra　《查拉图斯特拉如是说》

译后记

本书是“荣格精选集”中涉及炼金术的一部译作，是瑞士著名心理学家卡尔·古斯塔夫·荣格在其《荣格全集》第十二卷中的一部分，这一卷是荣格专论炼金术的三部巨著中的一部。在本书中，我们可以从荣格对他所做的炼金术之梦的分析中，窥见荣格自己当时的精神状况，也能从中发现梦的无意识象征作用对人的意识和无意识心理活动的启示、暗示和预见。荣格一生分析过八万多个梦，堪称梦之分析的顶尖大师。本书提供的梦及其分析，是荣格在研究炼金术过程中做的，因此他用炼金术的象征作用来解释这些梦，用炼金术的灵魂修炼来分析梦的宗教象征意义，期冀使自己的灵魂得到升华，自性得以实现，达到真正的自性化。读者认真品读书中的梦之分析，或许也能使自己的灵魂得到净化和升华，使自己的自性得到部分实现。

幸蒙译林出版社的鼎力支持和编辑老师们耐心细致的编

校整理，才使本书的出版成为可能。感谢好友申荷永教授多年来的信任和友谊，我们在荣格心理学思想研究上的很多共识，也成为促成本书出版的主要推动力。在翻译过程中遇到了一些难以理解的拉丁文、希腊文，以及其他欧洲国家的语言文字，我有幸得到了广东外语外贸大学西语学院郑立华教授、臧宇博士、林璐老师、张海虹老师，还有广外南国商学院西班牙语专业的郁清漪老师等的热情帮助。值本书出版之际，对他们一并表示真诚感谢。文中错谬之处皆由译者负责，恳请学界同仁不吝指正。

杨韶刚

广东外语外贸大学南国商学院

2019年5月28日